ÉLÉMENS

DE

GÉOMÉTRIE

à l'usage des Écoles normales

Contenant toutes les matières exigées des

Candidats au Brevet du degré supérieur.

Par L. J. LAMARE

A MELUN,

chez THOMAS, Imprimeur-Lithographe,
Rue St.-Aspais.

ÉLÉMENS

de

GÉOMÉTRIE.

Ouvrage du même auteur

—————

Leçons d'arithmétique,

2.me édition 1 vol. in 12 prix 1-25.

Ouvrage adopté par l'École centrale supérieure
de Paris.

de la lithographie de THOMAS.
Rue S.t Aspais N.o 13,

A MELUN.

ÉLÈMENS

de

GÉOMÉTRIE

Par L. J. Lamare

Régent de mathématiques, maître adjoint à
l'École normale de Melun et membre de la Com-
mission d'instruction publique de Seine et Marne.

Prix 1.ᶠ 5o

A MELUN

Chez Thomas, Libraire
Imprimeur Lithographe.
Rue St Aspais n.º 15.

1838

Élémens

de

Géométrie.

Livre 1er

Définitions.

---

1. La *Géométrie* est une science qui a pour objet la mesure de l'étendue.

2. L'étendue considérée absolument est sans limités et ne peut donc être mesurée. L'étendue comparative et comprise dans des limites déterminées est seule du domaine de la Géométrie.

3. Les différens corps, tels que des pièces de bois, des blocs de pierre réunissent toutes les conditions de l'étendue et s'offrent à nous sous trois dimensions: longueur, largeur, épaisseur.

4. L'une quelconque de ces trois dimensions prend quelquefois le nom de hauteur ou de profondeur, suivant sa position à notre égard.

5. L'étendue n'a donc que trois dimensions.

6. Souvent en considérant les corps nous faisons abstraction de toute épaisseur, et ne nous occupons que de leur *Surface*. On entend donc par surface l'étendue réduite à deux dimensions; longueur et largeur. Tels nous apparaissent une glace, un parquet, un tableau, la superficie d'un champ.

7. Les surfaces, grandes ou non, sont limitées, ont des bords qui en déterminent la forme, les limites des surfaces n'ont qu'une dimension; c'est la longueur. On les nomme *lignes*.

8. On distingue plusieurs sortes de lignes: la ligne droite, la ligne brisée, la ligne courbe.

9. On nomme *point* l'extrémité d'une ligne; et point d'intersection l'endroit où deux lignes se coupent, ou se joignent. Le point n'a donc pas d'étendue.

10. La ligne droite mesure la plus courte distance d'un point à un autre. Deux points suffisent donc pour déterminer sa direction: ou autrement, par deux points donnés on ne peut faire passer qu'une seule ligne droite.

On désigne une droite par deux lettres placées à ses extrémités. Telle est la droite AB.

11. Une ligne composée de deux ou plusieurs droites de nom= =me ligne brisée.

Ainsi ACB, ACBD. Sont deux lignes brisées.

12. On nomme plan une surface telle qu' =une ligne droite puisse s'y appliquer exactement en tous sens.

13. Des droites sont dites parallèles lorsqu'étant tracées sur un même plan elles ne peuvent se rencontrer à quelque distance qu'on les prolonge

14. Quand deux droites se coupent, leur écartement se nom= =me angle.

Les deux droites sont les côtés de l'angle, le point d'intersection en est le sommet.

15. On désigne un angle par la lettre du sommet; mais si plusieurs angles ont leur sommet au même point, on les désigne par trois lettres en plaçant celle du sommet au milieu.

16. Lorsqu'une ligne droite CD, tombe sur une autre AB, elle forme à son pied deux angles ACD, DCB

que l'on nomme *adjacens*.

17. Si les angles adjacens sont égaux on les nomme **droits**, et alors CD est dite *perpendiculaire* sur AB.

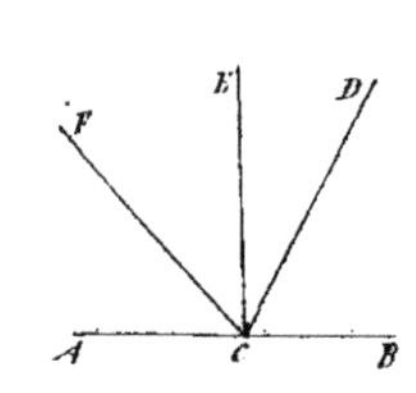

18. Au contraire la ligne CE qui forme au point C des angles inégaux ACE, BCE, est dite *oblique*. L'angle BCE plus petit qu'un droit est aigu; l'angle ACE plus grand qu'un droit, est obtus. Il est facile de voir que la grandeur de l'angle droit est invariable, et qu'au contraire des angles peuvent être plus ou moins aigus, plus ou moins obtus.

Mais quelque soit l'inclinaison de l'oblique CE, la somme des deux angles adjacens vaut toujours deux droits.

19. Quelque soit le nombre des angles ayant leur sommet au même point C et du même côté de AB, leur somme vaudra toujours deux droits; et comme on peut faire au dessous de AB, la même construction, nous en conclurons que la somme de tous les angles que l'on peut faire autour du même point égale quatre droits.

20. Lorsqu'un plan est terminé de tous côtés,

par des lignes droites on le nomme polygone.

Les polygones sont réguliers quand ils ont leurs côtés et leurs angles égaux: dans le cas contraire ils sont irréguliers. La somme des côtés d'un polygone constitue son contour ou périmètre.

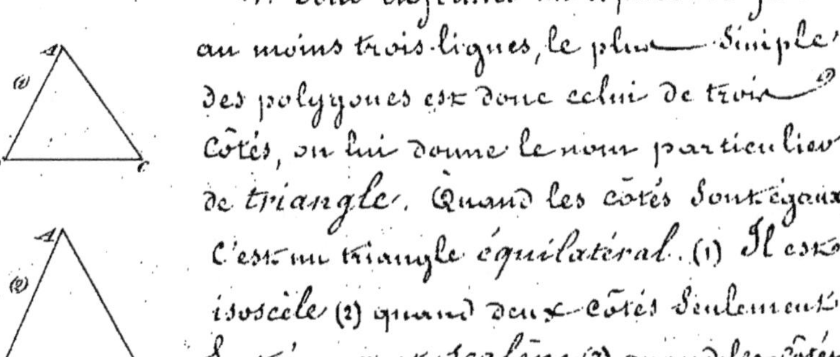

21. Pour enfermer un espace il faut au moins trois lignes, le plus simple des polygones est donc celui de trois côtés, on lui donne le nom particulier de triangle. Quand les côtés sont égaux, c'est un triangle équilatéral. (1) Il est isocèle (2) quand deux côtés seulement sont égaux, et scalène (3) quand les côtés sont inégaux.

22. Considéré par rapport aux angles, le triangle est rectangle (3) quand un des angles est droit; obtusangle (4) quand il renferme un angle obtus; acutangle (2) quand tous ses angles sont aigus; équiangle (1) quand les angles sont égaux.

Il sera démontré plus loin que dans un triangle les angles et les côtés sont dans un rapport constant.

23. Dans un triangle rectangle le côté opposé à

l'angle droit se nomme *hypothénuse*. Ainsi dans le triangle A B C, rectangle en A, le côté B C est l'hypothénuse. (4).

24. Le polygone de quatre côtés prend le nom particulier de **quadrilatère**. Nous en distinguerons cinq: 1°. le parallélogramme qui a ses côtés opposés parallèles. (5).

2°. le rectangle ou parallélogramme à angles droits. (6)

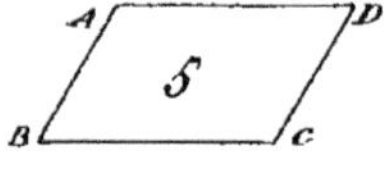

3°. le losange ou parallélogramme dont les côtés sont égaux. (7)

4°. le carré ou parallélogramme qui a tout ensemble les côtés égaux et les angles droits. (8)

5°. le trapèze ou quadrilatère qui n'a que deux côtés parallèles. (9)

25. On nomme pentagone les polygones de cinq côtés; hexagone celui de six; eptagone de sept; octogone de huit; ennéagone de neuf; décagone de dix, dodécagone de douze, pentédécagone de quinze.

26. On nomme diagonale une ligne telle que AD qui joint les sommets de deux angles non adjacens.

27. Il existe des lignes courbes de plusieurs sortes

nous ne considérons que la ligne circulaire qui a tous ses points à égale distance d'un point intérieur nommé centre.

28. La ligne circulaire prolongée suffisamment revient au point de départ, et ainsi complète on la nomme circonférence.

Le plan renfermé dans la circonférence est un cercle.

29. Une ligne droite telle que CA, qui joint le centre à un des points de la circonférence est un rayon. De la définition même de la circonférence il résulte que tous les rayons tracés dans un cercle sont égaux. Une droite qui joint deux points de la circonférence en passant par le centre est un diamètre. On voit que le diamètre est double du rayon, et par suite que tous les diamètres sont égaux entre eux.

30. Une portion quelconque de la circonférence se nomme arc. La ligne qui joint les extrémités d'un arc se nomme corde ou sous-tendante de l'arc DGE est un arc & DE sa corde.

31. La partie du cercle comprise entre un arc et sa corde est un segment.

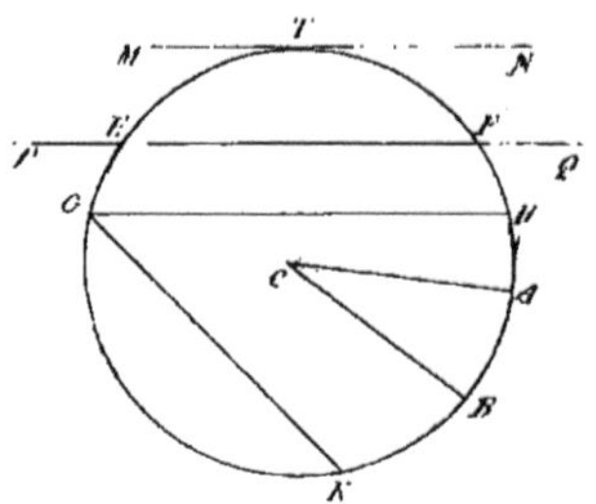

La partie du cercle compri=
=se entre un arc et deux rayons
menés à ses extrémités est
un *Secteur*.

32. Toute droite tracée
hors du cercle et qui touche
la circonférence en un seul
point est une *tangente*. On nomme point de Contact
le point où les lignes se touchent.

Une droite qui coupe la circonférence en deux
points est une *sécante*.

33. On nomme angle au centre celui qui a
son sommet au centre du cercle et des rayons
pour côtés.

Un angle *inscrit* est celui qui a son sommet à
la Circonférence et dont les côtés sont deux cordes
ou un Diamètre et une corde.

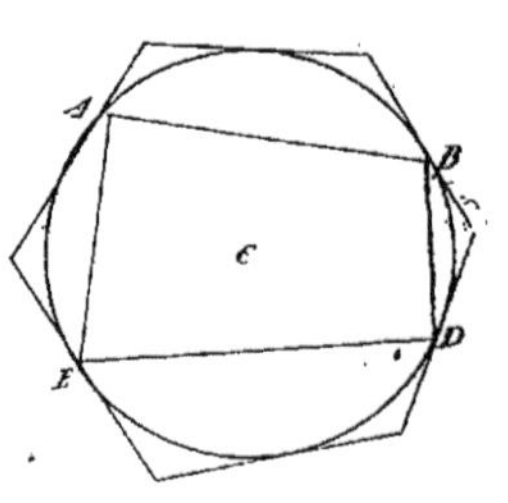

34. Un polygone inscrit
est celui dont tous les angles
ont leur sommet à la
Circonférence.

Un Polygone circonscrit
est celui dont tous les côtés
sont tangens à la circonférence.

35. La Géométrie emploie les mêmes signes

en manière de noter que l'arithmétique : Deux seu-
-lement luisont particuliers : > qui se lit *plus grand
que* et < *plus petit*. Ainsi l'angle A étant plus
grand que l'angle B on écrira A > B ou B < A.

On nomme *axiôme* une vérité évidente par
elle-même. Nous admettons cinq axiômes. 1° la
ligne droite est la plus courte distance d'un point
à un autre.

2° Le tout est plus grand que la partie.

3° La somme des parties égale le tout.

4° Deux quantités égales, semblables ou équi-
-valentes à une troisième, sont égales, semblables
ou équivalentes entre elles.

5° Deux grandeurs, lignes, surfaces ou so-
-lides sont égales lorsqu'étant appliquées l'une
sur l'autre, elles coïncident dans toute leur étendue.

37. Un *Théorême* est une vérité que l'on
rend évidente au moyen d'un raisonnement ap-
-pelé démonstration.

38. Un *Problême* est une question proposée
qui exige une solution.

Le nom commun de *Proposition* s'attribue
également aux Théorêmes & Problêmes.

39. Un *Corollaire* est une conséquence
déduite d'une ou de plusieurs propositions.

40. On nomme Scholie une remarque sur une ou plusieurs propositions, et hypothèse une sup-position faite soit dans l'énoncé d'une proposition, soit dans le cours d'une Démonstration.

Propositions.

Proposition 1.

Théorème.

41. Deux triangles sont égaux, lorsqu'ils ont un angle égal compris entre deux cotés égaux cha-cun à chacun.

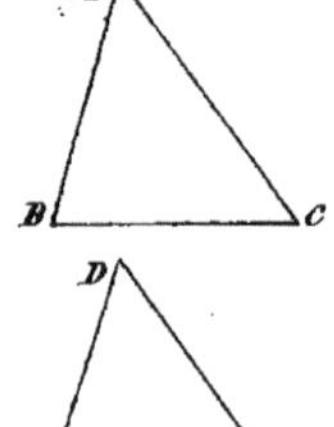

Soient les deux triangles A B C, D E F, dans les quels nous avons l'angle A égal à l'angle D; AB=DE, A C=DF, je dis que ces deux triangles sont égaux.

Pour le prouver, je porte le côté ED sur son égal BA, en plaçant le point E en B et le point D, en A ; puisque l'angle D est égal à l'angle A le côté DF prendra la direction de AC, et puisque ces côtés sont d'égale longueur le point F tombera nécessairement en C ; mais du point B au point C on ne peut mener qu'une ligne droite et le côté EF se confondra avec BC. (10)

Donc les deux triangles coïncident dans toute leur étendue & sont égaux.

Donc &c

Proposition 11.

Théorème.

42. Deux triangles sont égaux, lorsqu'ils ont un côté égal adjacent à deux angles égaux chacun à chacun.

Soient les triangles ABC, DEF, dans lesquels nous avons BC = EF ; B = E, C = F, je dis que ces deux triangles sont égaux.

Pour le prouver, je porte EF

sur son égal BC, en plaçant E en B et F en C; puisque l'angle B égale l'angle E, le côté ED prendra la direction de BA, et le point D tombera sur un point quelconque de BA; puisque l'angle E = l'angle C le côté FD prendra la direction de CA et le point D tombera sur un point quelconque de CA; mais le point D devant se trouver à la fois sur BA et sur CA ne peut tomber qu'au point d'intersection de ces lignes. (10)

Les deux triangles coïncident donc parfaitement et sont égaux. Donc &c.ᵃ

Proposition III.

Théorême.

43. Quand deux triangles ont deux côtés égaux chacun à chacun, si l'angle compris par les deux côtés du premier, est plus grand que l'angle compris par les deux côtés du second, le troisième côté du premier sera aussi plus grand que le troisième côté du second.

Soient les deux triangles ABC, DEF, dans les

quels nous avons $AB = DE, AC = DF$ mais $A > D$ je dis que nous aurons alors $BC > EF$.

Pour le prouver, prenons sur l'angle A, une partie $BAO = D$, prolongeons d'ailleurs AO jusqu'en G, afin que l'on ait $AG = AC = DF$, et joignons BG, nous aurons alors deux triangles BAG, EDF qui sont égaux et qui nous donnent $BG = EF$.

Mais dans le triangle BOG on a: $BG < BO + OG$, dans le triangle AOC, on a: $AC < AO + OC$, ajoutant ces deux inégalités il vient $BG + AC < BO + OG + AO + OC$ ou en réduisant $BG + AC < BC + AG$. (36)

D'ailleurs AC et AG sont des côtés égaux, et il reste en les supprimant $BG < BC$ ou $EF < BC$.

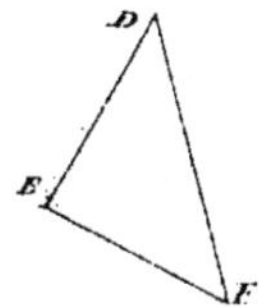
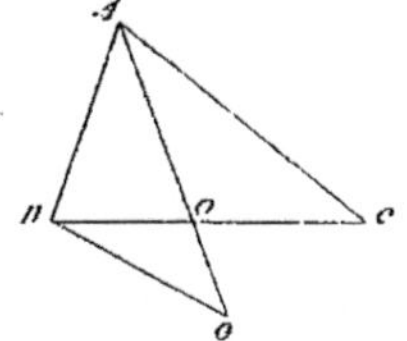

Observation.

Le point G peut tomber sur BC, au quel cas il est évident que la partie est moindre que le tout.

Le point G peut encore être intérieur au triangle, et l'inégalité se démontre alors d'après

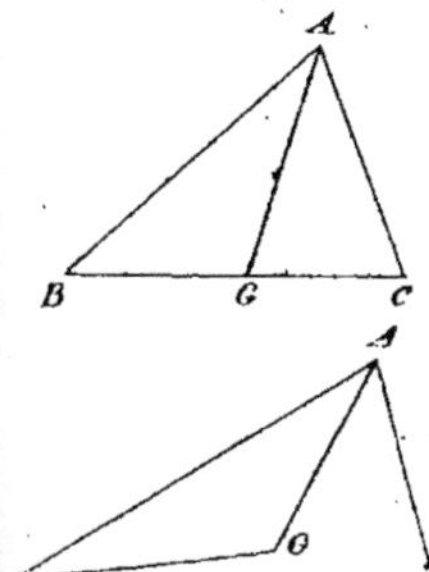

ce principe que de deux lignes brisées, celle qui enveloppe l'autre est la plus grande. Nous aurions donc ACB > AGB, et retranchant d'une part AC et de l'autre son égal AG, il restera BC > EF. Donc &c.

Proposition IV.

Théorème.

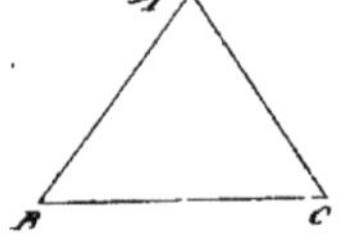

44 Deux triangles sont égaux lorsqu'ils ont leurs trois cotés égaux chacun à chacun.

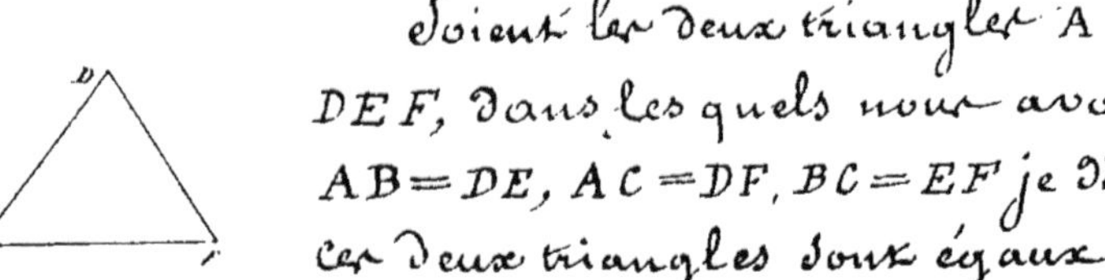

Soient les deux triangles A B C, DEF, dans lesquels nous avons AB = DE, AC = DF, BC = EF je dis que ces deux triangles sont égaux.

En effet l'angle A par ex: est nécessairement égal à l'angle D, car s'il étoit plus grand ou plus petit BC seroit plus grand ou plus petit que EF, ce qui n'a pas lieu.

Donc ces deux triangles ont un angle égal compris entre deux cotés égaux chacun à chacun & sont égaux. (41)

Proposition V.

Théorème.

45. Dans un triangle isocèle les angles opposés aux côtés égaux sont égaux.

Soit le triangle A B C dans lequel nous avons $AB = AC$, je dis alors que $B = C$

Pour le prouver, divisons BC en deux parties égales au point D et joignons AD, nous obtenons ainsi deux triangles égaux qui nous donnent $B = C$.

Corollaire

46. I. L'angle $BDA = $ l'angle CDA, d'où nous voyons que la ligne qui joint le sommet d'un triangle isocèle avec le milieu de la base est une perpendiculaire sur la base.

47. II. La ligne AD perpendiculaire sur BC, divise l'angle du sommet en deux parties égales $BAD = CAD$.

48. III. Un triangle équilatéral est aussi équiangle.

Proposition VI.

Problême.

49. D'un point C pris sur une droite AB, élever une perpendiculaire à cette droite ?

A gauche et à droite du point C je prends les deux distances égales CA, CB, des points A et B, comme centres, avec un rayon suffisamment grand, je décris deux arcs de cercle qui se coupent en D, et je tire CD qui sera la perpendiculaire demandée.

En effet, si on joignait AD et DB, le triangle ADB serait isocèle, et la ligne DC joignant le sommet avec le milieu de la base est perpendiculaire à cette base. (46)

Scholie.

50. En fesant varier le rayon, le point D occuperait tous les points de CD, d'où l'on voit qu'une perpendiculaire élevée sur le milieu d'une ligne AB, a chacun de ses points à égale distance de A et de B.

Proposition VII.

Problême.

51. D'un point donné C hors d'une droite AB, abaisser sur cette droite une perpendiculaire ?

Du point C comme centre, avec un rayon suffisamment grand, je décris un arc de cercle qui coupe la ligne en deux points A et B; De ces mêmes points comme centres, je décris au dessous de AB deux arcs de cercle qui se coupent en D et je tire CD qui sera la perpendiculaire demandée.

En effet les points C et D sont chacun à égale distance de A et de B. Donc ils appartiennent à la perpendiculaire abaissée sur le milieu de AB. (50)

Proposition VIII.

Problême.

52. Diviser une droite A B en deux parties égales. Des points A et B comme centres, avec un rayon suffisamment grand, décrivez deux arcs de cercle qui se coupent en C et en D ; tirez CD et le point d'intersection O sera le milieu de la ligne. (Démonstration analogue à la précédente.)

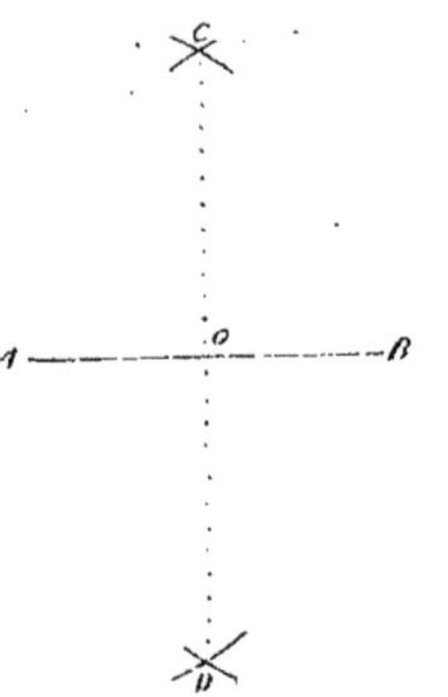

Proposition IX.

Théorème.

53. Quand deux lignes droites AC, BD se coupent en un point O, les angles opposés au sommet, c'est-à-dire formés par le prolongement extérieur des côtés sont égaux, et nous aurons par ex : $AOB = DOC$.

En effet la ligne AC rencontrée par DO nous donne $AOD + DOC = 2D$, mais DB rencontrée par AO nous donne $AOD + AOB = 2D$ D'où nous tirons $AOD + DOC$

= AOD + AOB et retranchant dans les 2 membres AOD, il reste : DOC = AOB. Donc &.

Proposition X.

Théorème.

54. D'un point C pris hors d'une Droite AB on ne peut abaisser qu'une perpendiculaire sur cette Droite.

Soit CD perpendiculaire sur AB, je dis qu'on n'en peut point mener d'autre : en effet, supposons que CE soit aussi perpendiculaire, prolongeons CE en G, et CD d'une quantité DF = CD, joignons EF

Nous obtenons deux triangles, CED, FED, qui sont égaux ce qui nous donnent l'angle CED = DEF son homologue.

Le premier par hypothèse est droit, le second le sera pareillement et nous aurons CEF = 2 D. (17)

Mais on a fait remarquer que la somme des angles adjacens tels que CEF + FEG = 2 D, nous aurions donc CEF = CEF + FEG, c'est-à-dire la partie égale au tout, résultat absurde. Donc &c.

Proposition XI.

Théorême.

55. Deux triangles rectangles sont égaux quand ils ont l'hy=pothénuse égale, et un angle aigu égal.

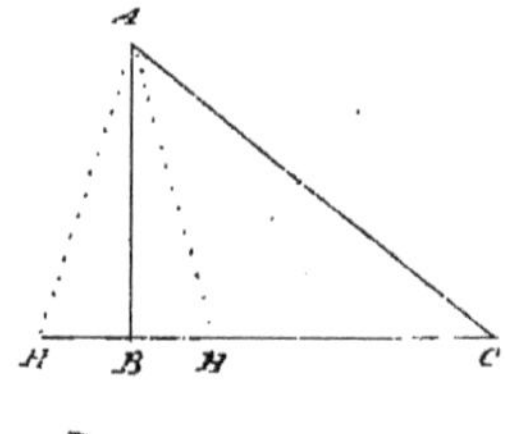

Soient les deux triangles rectangles ABC, DEF, dans lesquels nous supposons AC = DF et C = F, je dis que ces deux triangles sont égaux.

Pour le prouver, portons DF sur son égal AC, le point D en A et le point F en C; puisque l'angle F est égal à l'angle C, le côté EF prendra la direction de CB et le point E tombera sur un point quelconque de CB, je dis de plus qu'il tombera exactement au point B, car si l'on admettait qu'il tombât à droite ou à gauche en H, on aurait du même point A deux perpendiculaires AB, AH, abaissées sur une même droite ce qui a été démontré impossible. Donc &c. (54)

Proposition XII.

Théorème.

56. L'oblique est plus longue que la perpendiculaire.

Si du point C nous abaissons CD, perpendiculaire sur AB et CE oblique, je dis que nous aurons CE > que CD.

Pour le prouver prolongeons CD d'une quantité DF égale à CD et joignons EF les deux triangles égaux CED, FED nous donnent EC=EF, CD = FD, d'ailleurs CEF > CF d'où ½ CEF c'est-à-dire CE > que ½ CF, c'est-à-dire CD. Donc &c. (36)

Proposition XIII.

Théorème.

Deux

57. Deux obliques qui s'écartent éga-lement du pied de la perpendiculaire sont égales.

Soit ED = DH, je dis que les obliques CE, CH sont égales. En effet cette éga-lité résulte de celle des triangles CED, CHD. Donc &c.

Proposition XIV.

Théorème.

58. De deux obliques celle qui s'écarte le plus du pied de la perpen-diculaire est la plus longue.

Soit l'oblique CB plus éloignée du point D que l'oblique CH, je dis qu'elle est la plus longue.

Pour le prouver prolongeons CD d'une quan-tité égale à elle-même DF et joignons FH et FB.

Les deux triangles CDB, FDB qui sont égaux nous donnent CB = FB. Les triangles CDH, FDH qui sont égaux nous donnent aussi CH = FH.

Mais la ligne enveloppante CBF est plus

longue que CHF. D'où $\frac{1}{2}$ CBF $> \frac{1}{2}$ CHF, ou CB $>$ CH.

Corollaire.

On ne peut mener du même côté de la perpen=diculaire deux obliques égales.

Proposition XV.

Théorème.

59. Dans les cercles décrits de même rayon des arcs égaux sont soustendus par des cordes égales.

Soient les arcs AGB, DHE de même rayon et égaux, je dis que les cordes DE et AB qui les soustendent sont égales aussi.

En effet portons le rayon OD, sur son égal CA il est évident que les deux circonférences ne feront plus qu'une, et que la partie DHE couvrira exactement l'arc AGB, que nous avons supposé égal; mais du point A au point B on ne peut mener deux cordes différentes, donc DE = AB. Donc &c.

Corollaire.

60. Les triangles CAB, ODE sont égaux et nous pouvons en conclure que dans des cercles décrits de même rayon des angles au centre égaux correspondent à des arcs égaux.

Proposition XVI.

Problème.

61. Tracer un angle égal à un autre qui est donné ?

Soit C l'angle donné, du point C comme centre, avec un rayon quelconque je décris un arc de cercle qui coupe les côtés de l'angle en B et en D et je joins BD.

Je tire une ligne indéfinie AG ; du point A avec un rayon égal à CB, je décris un arc de cercle indéfini qui coupe AG en E. Du

point E, comme centre, avec un rayon égal à BD je
décris un autre arc de cercle qui coupe le premier en
F, je joins FA et l'angle EAF est l'angle requis.

Proposition XVII.

Problème.

62. Trois points étant donnés, non en ligne droite,
on propose de les joindre par une circonférence?

Soient les trois points A, B, C, non en ligne droite,
je joins AB, CB,

Par le point H milieu de AB j'élève la perpendi-
-culaire indéfinie HE.

Par le point G milieu de BC j'élève la perpendicu-
-laire GF.

Le point O où ces perpendiculaires se coupent
sera le centre de la circonférence à décrire.

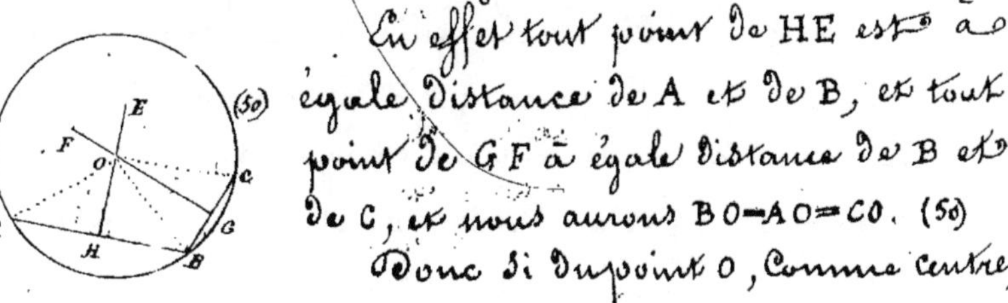

En effet tout point de HE est à
égale distance de A et de B, et tout
point de GF à égale distance de B et
de C, et nous aurons BO=AO=CO. (50)

Donc si du point O, comme centre,

avec OB pour rayon, nous décrivons une circonférence elle passera par les trois points A, B et C.

Scholie.

La même Construction peut servir pour trouver le Centre d'un Cercle ou d'un arc Donné.

Proposition XVIII.

Problême.

63. Diviser un angle A en deux parties égales ?

Du Point A, comme Centre, avec un rayon quelconque, décrivez un arc de cercle qui coupe les côtés de l'angle en B et en C, tirez la corde BC. Des points B et C, comme centres, avec un rayon suffisamment grand, décrivez deux arcs de cercle qui se coupent au point K, joignez AK, et l'angle A sera divisé par AK en deux parties égales.

64. Les angles au Centre BAH, CAH étant égaux nous Donnent De même arc BH = arc CH.

Corollaire.

65. Si sur une corde BC on abaisse le rayon per=
=pendiculaire AH il passe par le milieu de l'arc et par
le milieu de la corde. Donc le centre du cercle, le
milieu de l'arc et le milieu de la corde sont sur une
même droite abaissée perpendiculaire sur le
milieu de la corde.

Proposition XIX.

Théorème.

66. Toute ligne GE perpen=
=diculaire à l'extrémité d'un
rayon AH est une tangente à
la circonférence.

En effet si l'on prend sur GE
un point quelconque M et que l'on joigne AM, cette
ligne est une oblique plus longue que le rayon
AH, et sort de la circonférence. (56)

Donc le point H est le seul que GE ait de
commun avec la circonférence, et GE est une
tangente. (32)

Proposition XX.

Théorème.

67. Si deux lignes CD, EF sont perpendiculaires à une troisième AB elles sont parallèles.

Supposons en effet que ces lignes n'étant point parallèles se rencontrassent en un point O, soit au dessus, soit au dessous de AB, alors on aurait du même point deux perpendiculaires abaissées sur une même droite, ce qui est impossible. (54) Donc &c.

Proposition XXI.

Théorème.

68. Deux lignes droites coupées par une troisième sont parallèles, si la somme des

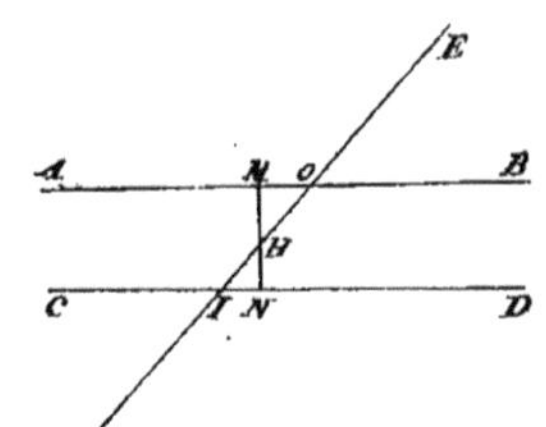

angles intérieurs valent deux
droits.

Soient les lignes droites AB,
et CD coupées par la ligne EF,
et donnant BOI + OID = 2D.

Je dis qu'alors les lignes AB, CD sont parallèles.
Il suffira de prouver qu'elles sont perpendiculaires
à une troisième ligne.

Du point H, milieu de OI, abaissons HM per-
-pendiculaire sur AB, et HN perpendiculaire sur CD,
nous obtenons par là deux triangles qui sont rectan-
-gles, qui ont l'hypoténuse égale par construction,
et de plus l'angle aigu HIN égal à son homologue
HOM.

Les triangles égaux nous donnent l'angle IHN
égal l'angle MHO: mais ces angles sont opposés
au sommet, et nous savons que l'un des côtés est
droit, donc l'autre l'est aussi; donc MN est une ligne
droite, et les lignes AB, CD qui lui sont perpendiculaires
sont parallèles. (53 & 67.)

Corollaire.

69. Quand les lignes AB, CD sont parallèles,
ces lignes coupées par une troisième E F, forment des
angles qui suivant leur position prennent différents

noms.

1. Les angles BGH, GHD sont appelés angles intérieurs et leur somme égale deux droits.

11. Les angles AGH, GHD sont appelés alternes internes et sont égaux.

En effet nous avons $BGH + GHD = 2D = AGH + BGH$. Supprimant le terme commun BGH, il reste $GHD = AGH$. (18.)

111. Les angles EGB, GHD, sont appelés correspondans et sont égaux.

En effet nous avons $EGB = AGH = GHD$.

IV. Les angles CHF, EGB sont dits alternes externes et sont égaux.

En effet nous avons $EGB = GHD = CHF$ son opposé au sommet.

V. Réciproquement lorsque des angles alternes internes, alternes externes ou correspondans seront reconnus égaux, nous pourrons en conclure qu'ils sont formés par une sécante et des lignes parallèles.

Proposition

Proposition XXII.

Problème.

70. D'un point A donné hors d'une droite CE tracer AH qui lui soit parallèle.

Du point A je tire une oblique qui rencontre CE en D. Je fais ensuite l'angle DAH égal à l'angle ADC, et la ligne AH sera la parallèle demandée.

Proposition XXIII.

Théorème.

71. La somme des angles d'un triangle ABC est égal à deux droits.

Pour le prouver, prolongeons BC en D et par le point C tirons

CG parallèle à BA.

La somme des angles adjacens en C vaut deux droits; L'un d'eux BCA appartient au triangle, les angles ACG, BAC, sont égaux comme alternes internes; les angles GCD et ABC sont égaux comme correspondants; donc les trois angles du triangle pris ensemble valent 2 D. (69).

Corollaire.

L'angle ACD formé par le côté AC et le prolongement de BC se nomme angle extérieur; il est égal à la somme des deux angles non adjacens A et B.

Proposition XXIV.

Théorème.

72. La somme des angles d'un polygone égale autant de fois deux droits qu'il y a de côtés moins deux.

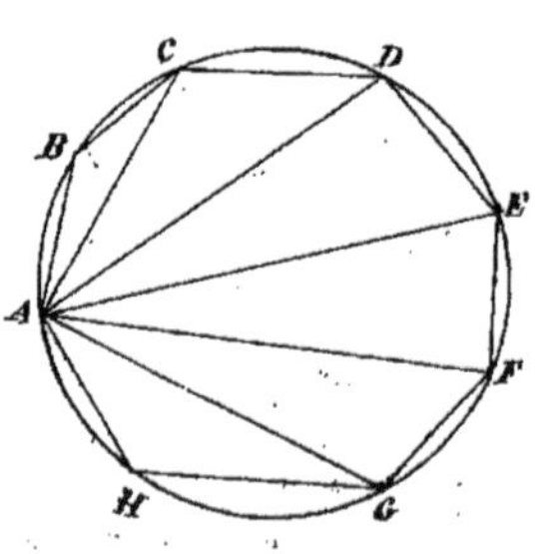

Soit le polygone ABC DEFGH. Du sommet de

l'angle A tirons des diagonales à tous les angles non adjacens: nous obtenons ainsi autant de triangles qu'il y a de côtés moins deux dans le polygone; or les angles de ces triangles comprennent tous ceux du polygone qui vaudront $(8-2) \times 2$.

En supposant le nombre des côtés repré-senté par N, nous aurons cette formule: $(N-2) \times 2$ ou $(2N)-4$.

Proposition XXV.

Théorême.

73. Dans tout parallélogramme les côtés opposés sont égaux.

En effet, si dans le parallé-logramme ABCD, nous tirons la diagonale AD, nous obtenons deux triangles égaux puisqu'ils ont un côté commun AD adjacens à deux angles égaux comme alternes internes; de l'égalité de ces triangles il résulte AB = CD ; AC = DB. (69)

Proposition XXVI.

Théorème.

74. Dans tout parallélo-gramme ABCD, si l'on mène les diagonales AD, BC, elles se coupent au point O en parties égales.

En effet les triangles AOB, COD Sont égaux, puisqu'ils ont AB = CD comme cotés opposés du parallélogramme, (73) Les angles OAB, ODC égaux comme alternes internes, et les angles OBA, OCD égaux par la même raison (69) De l'égalité de ces triangles il résulte AO = OD; OB = OC. Donc &c.

Scholie.

75. Dans un Losange les diagonales Se coupent à angles droits. Dans un carré cela a lieu de même; de plus, les diagonales étant égales, les parties Sont égales aussi.

Proposition XXVII.

Théorème.

76. Deux parallèles sont partout également distantes.

Pour le prouver d'un point quelconque E pris sur AB, abaissons EG perpendiculaire sur CD. D'un point quelconque H pris sur CD, abaissons HF perpendiculaire sur AB, & joignons EH. Nous obtenons ainsi deux triangles rectangles EGH, HFE qui ont l'hypothénuse commune et l'angle aigu GHE = à l'angle aigu HEF. (69) Donc ils sont égaux et nous donnent GE = HF. Comme ces perpendiculaires mesurent la distance des parallèles et que les points H et E, ont été pris à volonté, nous en concluons que deux lignes parallèles sont partout également distantes.

Proposition XXVIII.

Théorème.

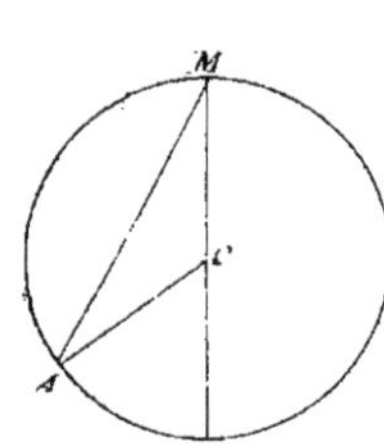

77. Tout angle inscrit a pour mesure la moitié de l'arc compris entre ses côtés.

Soit l'angle inscrit AMB, formé par une corde et un diamètre, je dis qu'il a pour mesure la moitié de l'arc AB compris entre ses côtés.

Pour le prouver joignons AC, l'angle ACB, extérieur au triangle AMC, est égal à la somme des angles non adjacent A et M, (71) mais les angles A et M sont égaux entre eux (45) donc l'angle ACB est double de l'angle M. Or l'angle au centre ACB a pour mesure l'arc AB, donc l'angle AMB aura pour mesure la moitié seulement du même arc.

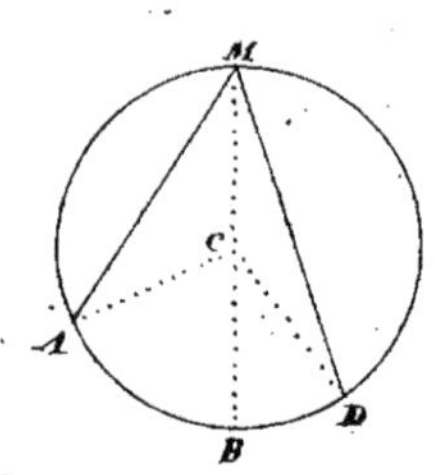

Soit l'angle AMD dans l'intérieur du quel se trouve le centre, je dis qu'il aura pour mesure la moitié de l'arc ABD.

Pour le prouver, tirons le diamètre MB et les rayons AC, CD, d'après la démonstration ci-dessus, nous aurons AMB égale $\frac{1}{2}$ AB, DMB $= \frac{1}{2}$ BD. Donc AMD $= \frac{1}{2}$ ABD.

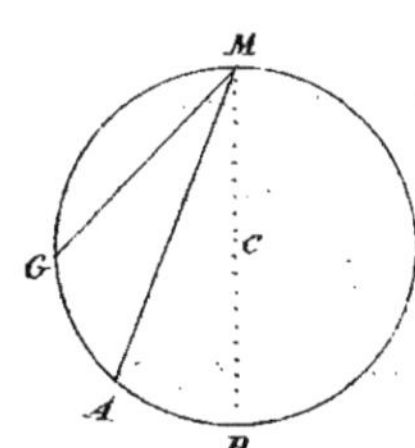

Soit maintenant l'angle inscrit GMA, dans lequel le centre n'est point compris, je dis qu'il aura pour mesure $\frac{1}{2}$ de l'arc GA.

Pour le prouver, tirons le diamètre MB, nous aurons d'après la première démonstration GMB = $\frac{1}{2}$ de GAB, mais AMB = $\frac{1}{2}$ de AB, et en retranchant cette seconde égalité de la première il résultera GMB − AMB, c'est-à-dire GMA = $\frac{1}{2}$ de GAB − $\frac{1}{2}$ de AB égale $\frac{1}{2}$ de GA.

Corollaires.

78. 1. Tout angle inscrit dans une demi-circonférence est un angle droit.

11. Tout angle inscrit dans un segment moindre qu'une demi-circonférence est obtus.

111. Tout angle inscrit dans un segment plus grand qu'une demi-circonférence est aigu.

Proposition XXIX.

Théorème.

79. L'angle formé par une tangente et une

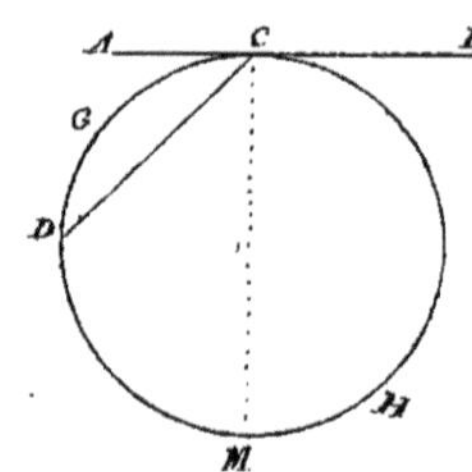

corde a pour mesure la moitié
del'arc sous-tendu par la corde.

Soit une tangente AB et la
corde CD, je dis que l'angle ACD
$= \frac{1}{2}$ CGD, et que l'angle DCB $=$
$\frac{1}{2}$ CHMD.

Pour le prouver; par le point de contact, tirons
le diamètre CM, nous aurons l'angle ACM qui est
droit $= \frac{1}{2}$ CGDM.

Mais l'angle inscrit DCM $= \frac{1}{2}$ DM, retranchons
cette seconde égalité de la première, il reste ACD $=$
$\frac{1}{2}$ de CGD.

D'ailleurs l'angle BCM qui est droit égale
$\frac{1}{2}$ CHM ajoutons y la valeur de l'angle DCM il
viendra DCB $= \frac{1}{2}$ de DM $+ \frac{1}{2}$ de CHM, c'est-à-dire une
$\frac{1}{2}$ de CHMD.

Proposition XXX.

Problème.

80. Décrire sur une ligne donnée un segment
capable d'un angle donné.

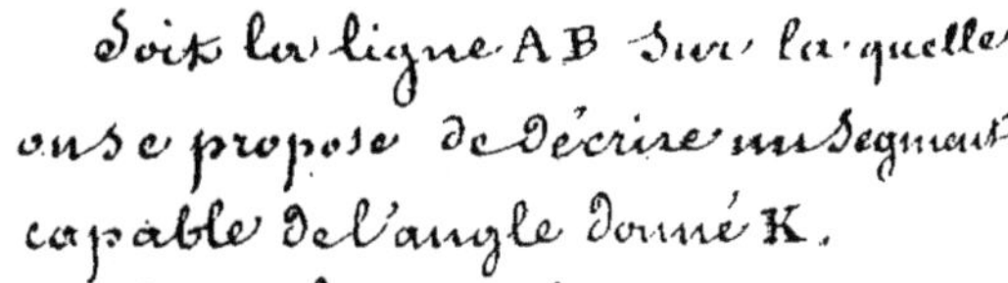

Soit la ligne AB sur laquelle on se propose de décrire un segment capable de l'angle donné K.

Je prolonge la ligne AB en G et je fais au point B un angle IBG=K.

Je prolonge IB en D par le point E milieu de AB, j'élève la perpendiculaire EO et par le point B j'élève sur ID la perpendiculaire BO. Du point O comme centre avec OB pour rayon, je décris une circonférence dont le segment AMB est capable de l'angle K.

En effet l'angle ABD opposé au sommet de IBG = l'angle K.

D'ailleurs l'angle ABD et l'angle AMB ont tous deux pour mesure la moitié du même arc AHB et sont égaux. Donc le segment AMB est capable de l'angle donné K, c'est-à-dire que tous les angles inscrits dans ce segment égaleront l'angle K.

Livre 2.

Définitions.

81. Deux figures sont Semblables quand elles ont les angles égaux et les côtés homolo=gues proportionnels.

Deux Surfaces sont dites équivalentes quand leur mesure donne un même résultat.

Des figures égales sont toujours sembla==bles et équivalentes.

Des figures semblables peuvent être de grandeurs fort différentes.

Des figures équivalentes peuvent n'être pas semblables ; Ainsi un cercle, un triangle et un Carré peuvent être équivalens.

Observation.

82. Nous supposons dans tout ce qui va Suivre une connaissance entière dela théorie des proportions et particulièrement de ces vérités :

1°. La Somme des antécédens est à la Somme des conséquens, comme un antécédent est à son conséquent.

2°. Dans une proportion on peut multiplier ou diviser par un même nombre les antécédens ou les conséquens; ajouter à chaque conséquent son antécédent et réciproquement.

3°. Quand deux proportions ont deux rapports égaux, les deux autres sont proportionnels.

4°. Si dans deux proportions, trois termes sont égaux, les quatrièmes sont égaux aussi. &ça.

Propositions.

Proposition 1.

Théorême.

83. Tout rectangle a pour mesure le produit de sa base par sa hauteur.

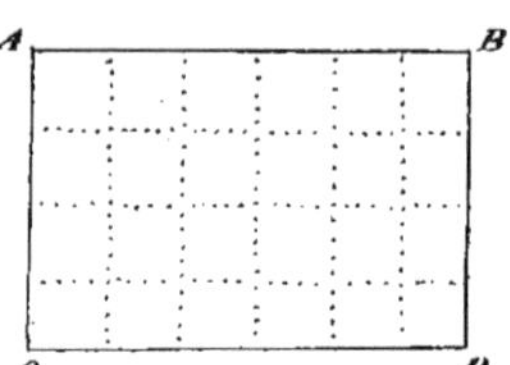

Soit le rectangle A B C D dans lequel nous supposons que l'unité de mesure puisse être portée six fois sur la base C D et quatre fois sur la hauteur A C, je dis que la surface égale vingt-quatre unités.

En effet, si par chacun des points de division nous élevons des perpendiculaires, nous obtiendrons 24 carrés égaux à celui pris pour unité.

Or, cette unité étant variable, on peut toujours la prendre assez petite pour être portée un nombre exact de fois, tant sur la base que sur la hauteur. Donc &c.

Proposition II.

Théorème.

84. Un rectangle et un parallélogramme qui ont même base et même hauteur sont deux figures équivalentes.

En effet soit le parallélograme A B C D, et le rectangle A E B F qui aient même base A B et même hauteur AE, Je dis qu'ils sont équivalens.

En effet les deux triangles ACE, BFD sont égaux : si de la surface totale nous re=tranchons le triangle AEC, il reste le parallélogramme ABCD. Si de la même Surface, nous retranchons le triangle BFD, il reste le rectangle ABEF. Donc &ᶜ

Corollaire.

Tout parallélogramme a pour mesure Sa base par Sa hauteur.

Proposition III.

Théorème.

85. Tout triangle est la moitié d'un parallélogramme de même base et de même hauteur.

Soit le triangle ABC. Si par le point C nous menons une parallèle à BA, et par le point A nous menons une

Élémens

parallèle à BC, nous obtenons le parallélogram-
=me ABCD, qui a même base BC, et même hauteur
AH que le triangle :

D'ailleurs les deux triangles ABC et ADC
sont égaux et l'un d'eux BAC est moitié du
parallélogramme. (73)

Corollaire.

Le triangle a pour mesure sa base par la
moitié de la hauteur.

Proposition IV.

Théorème.

86. Un trapèze a pour mesure la demi-
somme de ses bases multipliée par la hauteur.

Soit le trapèze ABCD, ti-
=rons la diagonale AD. Les
deux triangles ainsi formés,
enleur donnant pour bases
celles du trapèze auront aussi la même
hauteur, et nous donnerons $ABD = \frac{1}{2} AB \times AH$.
Puis $ACD = \frac{1}{2} CD \times AH$. Donc leur somme

$$ABCD = \frac{AB + CD}{2} \times AH.$$

Proposition V.

Théorème.

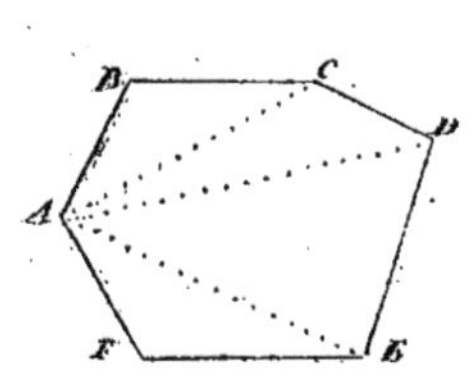

87. La mesure d'un polygone quelconque s'obtient en le divisant en
autant de triangles qu'il y a de côtés
moins deux et en fesant la somme
des valeurs de ces triangles.

Soit le Polygone ·ABCDEF. En menant du point A
les diagonales AC, AD, AE, nous obtenons quatre triangles
qui égalent en surface le polygone proposé. Donc &c.

Proposition VI.

Théorème.

·88. Un polygone régulier a pour mesure son
périmètre par la moitié de l'Apothème. (On nomme
ainsi la perpendiculaire abaissée du centre sur le milieu

du côté.)

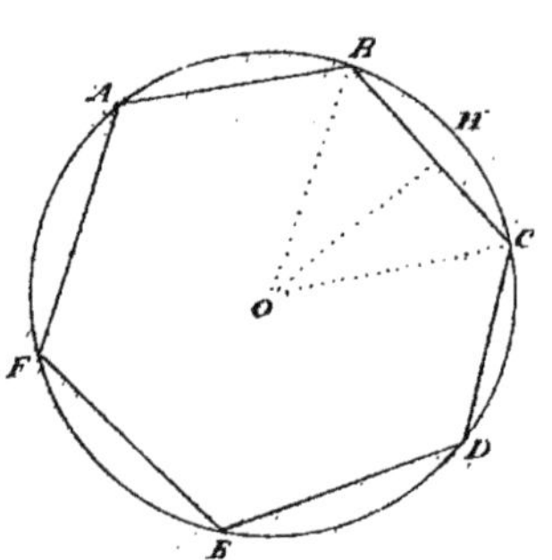

Soit l'hexagone régulier A, B, C, D, E, F. abaissons du centre l'apothême OH sur BC et joignons OB, OC. Il est évident que si nous joignons le centre avec le sommet de chacun des autres angles, nous obtiendrons cinq autres triangles égaux à BOC; mais

$$BOC = BC \times \tfrac{1}{2} OH,$$ donc la surface du polygone entier $=$ $(BC + CD + DE + EF + FA + AB) \times \tfrac{1}{2} OH.$ C'est-à-dire le périmètre multiplié par une demie de l'apothême.

Corollaire.

Mesure du Cercle.

89. On peut considérer un cercle comme un polygone d'un nombre infini de côtés et dans lequel l'apothême ne saurait différer du rayon : nous en déduirons que la surface du cercle égale sa circonférence multipliée par la moitié du rayon.

Scholie.

90. Les rectangles de même base sont entr'eux comme les hauteurs; ou les rectangles de même hauteur sont entr'eux comme leurs bases. Enfin des rectangles sont toujours entr'eux comme les produits des bases par les hauteurs.

La même observation s'appliquera aux parallé-logrammes et aux triangles. Par suite aux polygones réguliers et aux cercles, en considérant que leur base est leur périmètre, et que la hauteur c'est l'apothème ou le rayon.

Proposition VII.

Théorème.

Carré de l'hypothénuse.

91. Dans un triangle rectangle, le carré construit sur l'hypothénuse est équivalent à la somme des carrés construits sur les deux autres côtés.

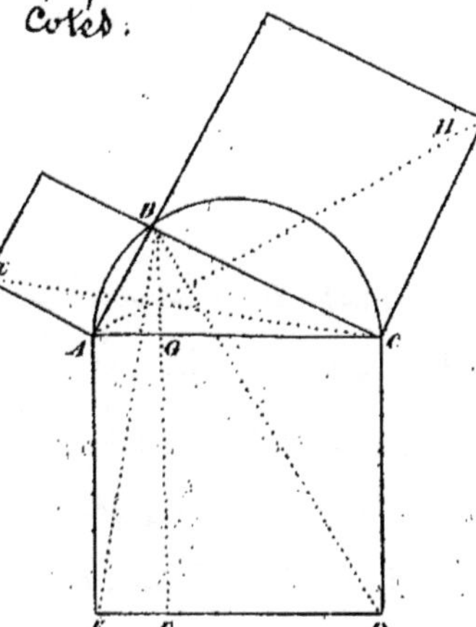

Soit le triangle A B C, rec-tangle en B, je dis que nous aurons $\overline{AC}^2 = \overline{AB}^2 + \overline{BC}^2$.

Pour le prouver construi-sons les carrés sur les trois côtés du triangle; du sommet de l'angle droit abaissons B G perpendiculaire sur A C, et prolongeons-la jusqu'à la rencontre du côté opposé en F. Tirons les Diagonales BE, BD, AH, LC.

Les deux triangles BAE, LAC sont égaux. En effet ils ont AB, dans le premier égal à AL, dans le Second Comme côtés du même Carré. AE dans le premier égal à AC dans le second par la même raison: d'ailleurs l'angle BAE = LAC. Donc &c. (41.)

Mais le triangle BAE en lui Donnant AE pour base aura pour hauteur AG, Donc il égale la moitié Du rectangle AGEF qui a même base et même hauteur (85.)

D'autre part le triangle LAC en lui Donnant AL pour base a pour hauteur AB Donc il est la moitié Du Carré De BA. Donc $BA^2 = AGEF$. On Demontrerait De même que $BC^2 = GCFD$.

Mais les deux rectangles AGEF plus CGFD = AC^2. Donc enfin nous aurons $AC^2 = AB^2 + BC^2$.

Corollaires.

92. 1. Le Carré d'un des côtés de l'angle Droit égale le Carré de l'hypothénuse, moins le Carré de l'autre Côté, et nous aurons $BC^2 = AC^2 - AB^2$.

II. Si l'on veut doubler un Carré il faut prendre la diagonale pour Côté Du Carré double.

III. Si l'on veut construire un carré qui ne soit que la moitié d'un autre donné il faut prendre la moitié de la diagonale.

Triangles Semblables.

93. On dit que deux triangles sont semblables lorsqu'ils ont, comme les autres polygones les angles égaux chacun à chacun, et leurs côtés homologues proportionnels; mais les triangles ont cela de particulier qu'ils ne peuvent être équiangles entr'eux sans avoir les côtés homologues proportionnels & réciproquement.

Proposition VIII.

Théorème.

94. Si dans un triangle A B C on mène une ligne DE parallèle à la base BC, les côtés AB, AC, seront coupés en parties proportionnelles.

En effet si nous joignons BE, DC, nous aurons deux triangles DEC, DEB, qui sont équivalents puisqu'on peut leur donner à tous deux DE pour base, et qu'alors leurs sommets se trouvant sur une

ligne parallèle à la base &c.
ont même hauteur. (76.)

D'ailleurs les triangles
ADE, EDC ayant leur sommet
au même point D, sont entr'eux
comme leurs bases et donnent
cette proportion : ADE : EDC :: AE : EC.

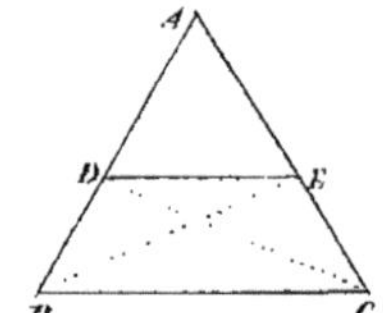

Les triangles ADE, DEB, ayant leur sommet
au même point E, sont entre eux comme leurs
bases et donnent : ADE : EDB :: AD : DB.

Nous avons remarqué que EDC = EDB. Donc
les deux premiers rapports de ces proportions étant
égaux, les deux seconds rapports donnent cette
nouvelle proportion : AE : EC :: AD : DB. Donc.

Corollaires.

95 I. Si une ligne DE coupe proportionnellement
les côtés AB, AC d'un triangle ABC, elle sera parallèle à la base.

II. Les deux triangles ABC, ADE sont équiangles
et semblables. En effet de la proportion AD : DB :: AE :
EC, nous pouvons en augmentant chaque conséquent de son antécédent, déduire cette nouvelle
proportion AD : AB :: AE : AC.

Les triangles ADE, ABC ont donc deux

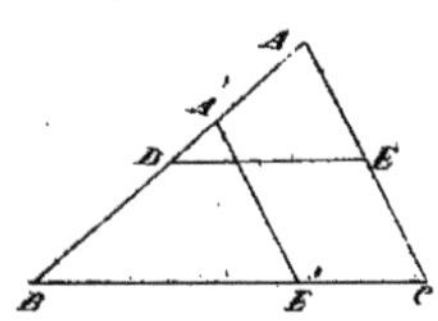

leurs côtés proportionnels; faisons voir que le troisième côté l'est aussi.

Pour cela portons le point D au point B.

Les Deux triangles ABC, ABE étant équiangles le côté $A'E'$ est parallèle à AC, il en résulte cette proportion : $AB : A'B :: BC : BE'$.

Mais $A'B$ c'est-à-dire AD et BE' remplace DE. Donc nous aurons $AB : AD :: BC : DE$.

Nous avions déjà $AB : AD :: AC : AE$. Donc à cause du rapport commun $AB : AD$, nous aurons cette suite de rapports égaux :

$$AB : AD :: AC : AE :: BC : DE.$$

D'où nous voyons immédiatement que si deux triangles sont équiangles ils ont en même temps leurs côtés homologues proportionnels.

Proposition IX.

Théorème.

96. Deux triangles qui ont les côtés homologues

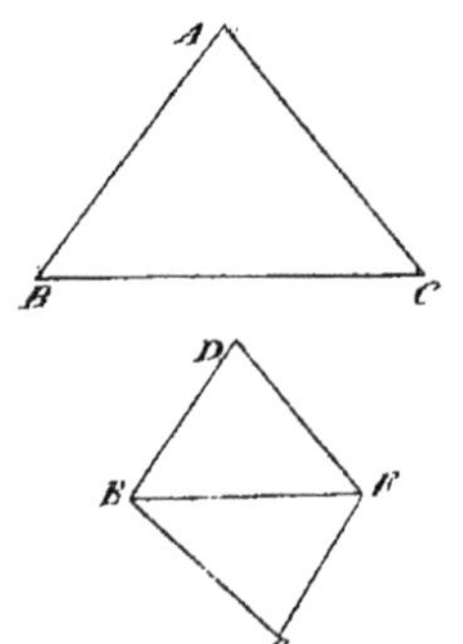

proportionnels sont équiangles et semblables.

Soient les deux triangles ABC, DEF dont les côtés nous donnent cette suite de rapports égaux AB : DE :: AC : DF :: BC : BF ; je dis qu'ils sont équiangles entr'eux.

Pour le prouver, je fais au point E un angle égal à l'angle B et au point F un angle égal à l'angle C. Le troisième angle G sera égal à l'angle A et nous aurons les triangles ABC, EFG équiangles et semblables.

Nous aurons donc cette proportion BC : EF :: AB : EG mais par hypothèse nous avons BC : EF :: AB : DE, nous en tirons EG = DE.

Nous aurons encore BC : EF :: AC : FG.

Mais par hypothèse BC : EF :: AC : DF.

Nous en tirons FG = DF.

Donc les triangles DEF, GEF ont les trois côtés égaux, chacun à chacun et sont égaux.

D'ailleurs EGF est semblable à ABC ; Donc son égal DEF est aussi semblable à ABC.

Donc &c^a.

Proposition X.

Théorème.

97. Deux triangles sont équiangles entr'eux et semblables quand ils ont leurs côtés parallèles.

En effet plaçons les deux triangles de telle sorte que leurs bases soient sur une même droite B E.

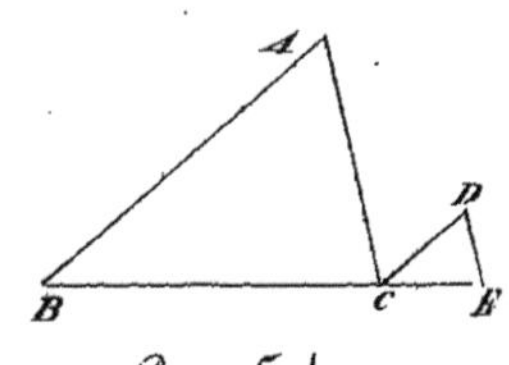

Les côtés A B, C D étant parallèles nous donnent l'angle D C E égal à l'angle A B C, comme correspondants. (69)

Les deux côtés A C, D E, étant parallèles nous donnent encore l'angle D E C égal à A C B; Le troisième angle sera égal de part et d'autre. Donc.

Supposons les triangles A B C, D E F placés différemment.

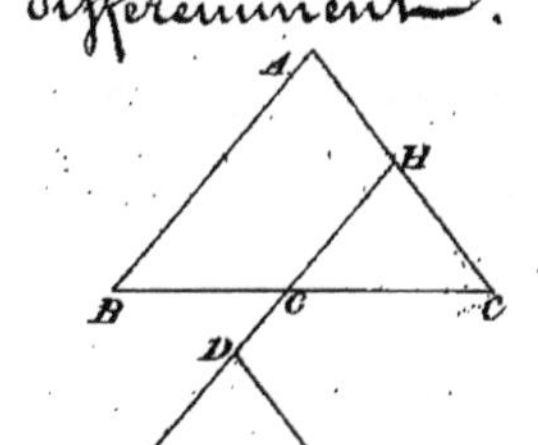

Prolongeons E D en H. Nous aurons l'angle D égal l'angle C H G égale l'angle A. Nous aurons encore l'angle

E égale l'angle C G H égale l'angle B.

Proposition XI.

Théorème.

98. Deux triangles sont équiangles entr'eux et semblables lorsqu'ils ont leurs côtés perpendiculaires.

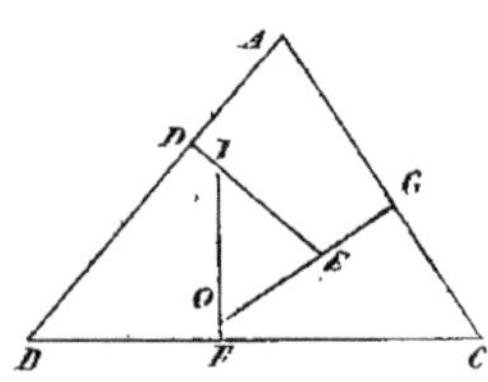

Soient les triangles ABC, IOE, ayant leurs côtés perpendiculaires; je dis que ces triangles sont équiangles et semblables.

Pour le prouver, prolongeons IO jusqu'à la rencontre de BC en F, OE en G, EI en D. Considérons le quadrilatère GOFC nous aurons : la somme des angles GOF + GCF = 2D, mais les deux angles adjacens IOE + GOF égalent aussi 2D; d'où nous tirons l'angle O = l'angle C. Dans le quadrilatère DIBF nous aurons encore DBF + DIF = 2D; mais DIF + OIE égalent aussi 2D. d'où l'angle I = l'angle B.

Donc les triangles ABC, IOE sont équiangles

et semblables. Donc.

Scholie.

99. De ces diverses propositions nous pouvons conclure que deux triangles sont semblables

1.º Quand ils ont les angles égaux chacun à chacun.

2.º Quand ils ont leurs côtés proportionnels.

3.º Quand ils ont un angle égal compris entre côtés proportionnels.

4.º Quand ils ont leurs côtés parallèles.

5.º Quand ils ont leurs côtés perpendiculaires.

Proposition XII.

Théorème.

100. Si dans un triangle ABC, on mène les lignes DE, FG parallèles à la base les côtés AB, AC seront coupés en parties proportionnelles.

Les triangles ADE et ABC qui sont semblables nous donnent AD:AE::AB:AC.

Les triangles AFG et ABC qui sont semblables nous donnent AF:AG::AB:AC.

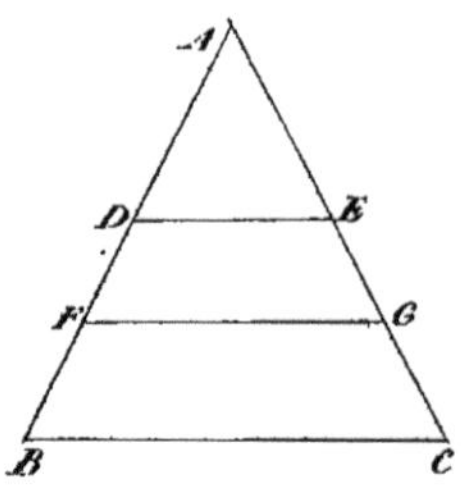

D'où AD : AE :: AF : AG :: AB : AC.

Retranchant de chaque rapport le rapport précédent il vient :

AD : AE :: DF : EG :: FB : GC.
Donc &c.

Proposition XIII.

Problême.

101. Diviser la droite de AB en quatre parties égales.

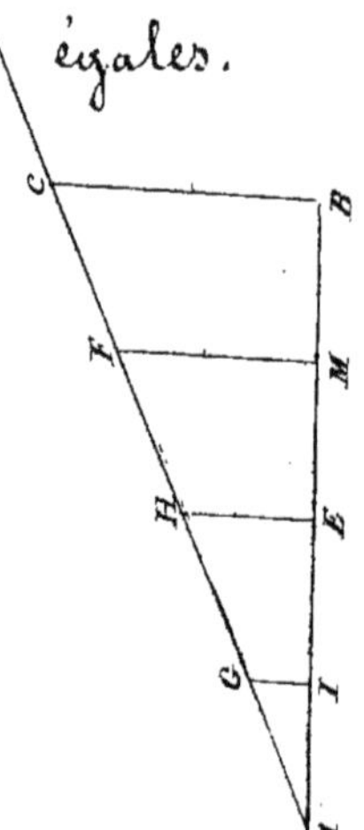

Au point A, sous un angle quelconque je tire une ligne indéfinie AC, puis je porte sur cette ligne quatre fois une même ouverture de compas qui détermine les points G H F C ; je joins CB, et par chacun des autres points de division je mène les parallèles FM, HE, GI.

La ligne AB est ainsi divisée

en quatre parties égales.

En effet d'après le théorème précédent nous aurons cette suite de rapports AG : AI :: GH : IE :: HF : EM :: FC : MB.

Mais par construction les antécédens sont égaux, donc les conséquens le sont aussi.

Proposition XIV.

Problème.

102. Diviser une droite en parties proportionnelles à d'autres lignes données.

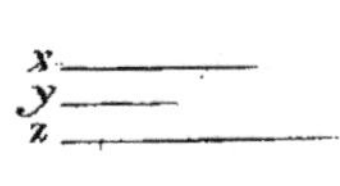

Soit la ligne AB que nous voulons diviser en parties proportionnelles aux lignes x, y, z.

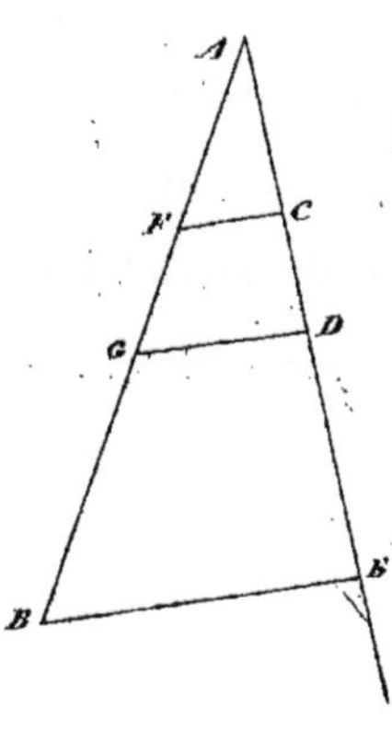

Au point A sous un angle quelconque je tire la ligne indéfinie AE. Sur cette ligne je prends $AC = x$; $CD = y$; $DE = z$; je joins EB et par les points D, C, je tire les parallèles DG et CF.

La ligne AB est ainsi divisée en parties pro=
=portionnelles comme il est facile de le démontrer
d'après ce qui précéde.

Proposition XV.

Problême.

103. Trouver une quatrième
proportionnelle à trois lignes don=
=nées.

Soient les lignes A, B, C, aux
quelles on se propose de chercher
une quatrième proportionnelle.

Sous un angle quelconque je
tire les lignes indéfinies GR, GS, je
prends sur GR une quantité GH =
A et HK = C ; je prends sur GS une quantité GD = B,
je joins HD, et par le point K, je tire KX parallèle
à HD, la ligne DX sera la quatrième proportionnelle
demandée.

En effet on aura GH : GD :: HK : DX,

ou A : B :: C : x.

Proposition XVI.

Théorême.

104. Si dans un triangle ABC, rectangle en A, on abaisse AD perpendiculaire sur l'hypothénuse.

1° Les trois triangles ainsi formés seront semblables.

2° Le Carré de chacun des Côtés de l'angle droit sera égal au rectangle construit sur l'hypothénuse entière et le Segment adjacent.

3° La perpendiculaire AD sera moyenne proportionnelle entre les deux Segmens de l'hypothénuse.

Considérons d'abord les deux triangles ABD, ABC, ils sont rectangles, ils ont de plus l'angle B commun, donc ils sont semblables (99).

Les deux triangles ADC, ABC, sont aussi rectangles, et ont l'angle C commun, donc ils sont semblables.

Mais si les triangles ABD, ADC sont sem-

=blables à un troisième, ils le sont entr'eux. (36) Donc 1°.

Les triangles semblables ABC, ABD nous donnent $BC : AB :: AB : BD$, donc $AB^2 = BC \times BD$.

Les triangles semblables ABC, ADC nous donnent aussi $BC : AC :: AC : DC$; Donc 2°.

Enfin les triangles semblables ABD, ADC, nous donnent $BD : AD :: AD : DC$; Donc 3°.

Scholie.

105. Nous avons trouvé $AB^2 = BC \times BD$, puis $AC^2 = BC \times DC$; si nous ajoutons ces deux égalités en observant d'ailleurs que $BC \times CD + BC \times BD = BC^2$, nous obtiendrons $AB^2 + AC^2 = BC^2$.

Proposition XVII.

Problème.

106. Trouver une moyenne proportionnelle entre deux lignes données A et B.

Je tire une ligne indéfinie CD, sur laquelle je prends une partie $CF = B$, puis une autre

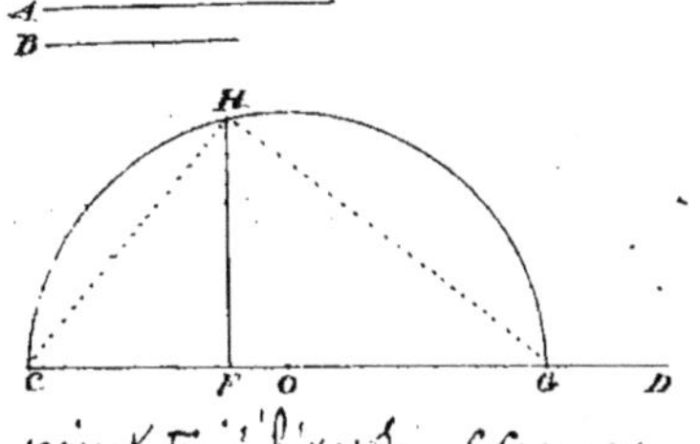

partie FG = A. Du point O, milieu de CG, comme centre, avec OC pour rayon, je décris une demi-circonférence. Du point F j'élève sur CG une perpendiculaire qui rencontre la cir-conférence en H et je dis que FH sera la moyenne proportionnelle demandée. En effet joignons CH, GH. Le triangle CHG est rectangle en H et nous donne $FH^2 = CF \times FG$.

Proposition XVIII.

Problême.

107. Construire un triangle équi-valent au Polygone donné. Soit le Polygone ACDEB que l'on veut transfor-mer en un triangle équivalent. Je prolonge indéfiniment la base AB, je joins AD. Du point C je tire CF parallèle à AD, je joins FD.

Les 2 Triangles ACD, FAD, sont équivalens puisqu'ils ont même base AD et que leur sommet est sur une parallèle à cette base, je puis donc remplacer ACD par AFD, le pentagone est alors réduit au quadrilatère FDEB. Je joins DB, je tire EH parallèle à DB et je joins DH. Les Triangles DBE, DBH sont équivalens; remplaçant donc le premier par le second, le polygone proposé se trouve réduit au triangle EDH. (on peut s'exercer à réduire en triangle des polygones d'un plus grand nombre de côtés.)

Proposition XIX.

Théorème.

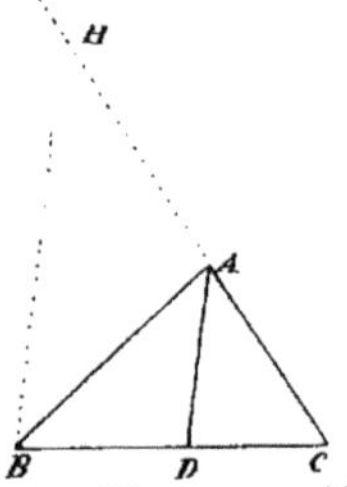

108. Dans un triangle ABC, si la ligne AD divise l'angle A en deux parties égales, elle divisera le côté BC en segmens proportionnels aux deux autres côtés. Pour le prouver prolongeons CA indéfiniment et par le point B tirons une parallèle à AD, jusqu'à ce qu'elle rencontre le prolongement de CA en H.

Dans le triangle HBC, AD parallèle à HB nous donne CA : AH :: CD : DB. Mais l'angle HBA = l'angle BAD, ou encore l'angle DAC, et par suite égale l'angle H.

D'où nous avons AH = AB,

Dans la proportion ci-dessus remplaçant AH par AB il vient : CA : AB :: CD : DB. Donc &c.

Proposition XX.

Problème.

109. Deux polygones réguliers semblables étant donnés, l'un inscrit et l'autre circonscrit, déterminer deux autres polygones d'un nombre de côtés double.

Soit AB le côté d'un hexagone inscrit et EF le côté de l'hexagone circonscrit.

Soit C le centre de la circonférence; je joins CA et CE, puis CB, CF; j'abaisse CM perpendiculaire aux deux lignes AB et EF, je joins AM qui sera le côté du dodécagone inscrit, j'abaisse sur AM la perpendiculaire CP qui divise l'angle ACM en deux parties égales.

Par les points A et B, je tire les tangentes AP et BQ, en sorte que PQ sera le côté du dodécagone circonscrit. Désignons par A l'hexagone inscrit dont AB est un côté; et par B l'hexagone circonscrit dont EF est un côté. Par A' le dodécagone inscrit dont AM est un côté; et par B' le dodécagone circonscrit dont PQ est un côté: nous connaissons A & B, il s'agit de déterminer A' et B'.

Considérons les deux triangles ACD, ACM, ils ont même hauteur et sont entr'eux comme leurs bases, nous aurons donc cette proportion $ACD : ACM :: CD : CM$. (90)

D'ailleurs ces triangles sont entr'eux comme les polygones A et A' dont ils sont chacun un douzième et nous aurons $A : A' :: CD : CM$. Considérons maintenant les deux triangles ACM et ECM, ils ont même hauteur et sont entr'eux comme leurs bases et nous donnent : $ACM : ECM :: CA : CF$. D'ailleurs ces 2 triangles sont entr'eux comme les polygones A' et B dont ils sont un douzième et il vient $A' : B :: CA : CE$. Mais AD parallèle à EM nous donne $CA : CE :: CD : CM$, d'où nous aurons $A' : B :: CD : CM$, mais nous avons déjà $A : A' :: CD : CM$, donc enfin $A : A' :: A' : B$. C'est-à-dire $A' = \sqrt{A \times B}$. (94).

Considérons les deux triangles PCM, PCE qui ont même hauteur CM ils sont entr'eux comme leurs bases et nous donnent $PCM : PCE :: PM : PE$, ou (108) $:: CM : CE$, ou (94) $:: CD : CA$, ou $:: CD : CM$; car $CA = CM$ ou enfin $:: A : A'$; ajoutant à chaque conséquents son antécédent il vient $PCM : PCE + PCM$, ou plus simplement $PCM : ECM :: A : A + A'$. Doublons les antécédens on aura $2PCM$ ou $ACMP : ECM :: 2A : A + A'$. D'ailleurs $ACMP = PCQ$ et est un douzième de B' :: ECM est un douzième de B, nous aurons donc $B' : B :: 2A : A + A'$; d'où $B' = \dfrac{2A \times B}{A + A'}$ ou encore $B' = \dfrac{2A \times B}{A + \sqrt{A \times B}}$.

Proposition XXI.

Problême.

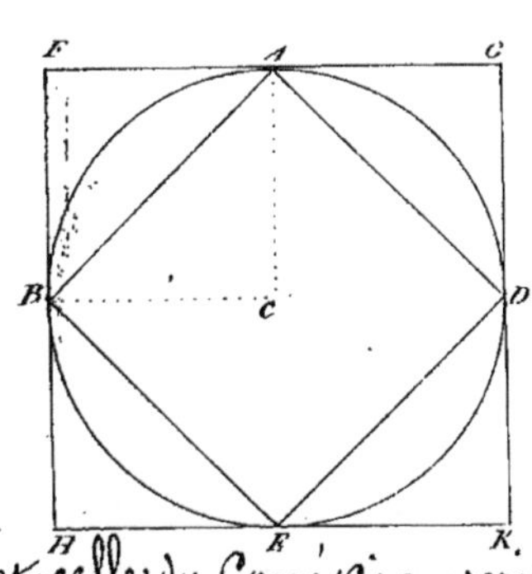

110. Trouver le rapport appro-ché de la circonférence au diamètre.

Soit le rayon du cercle $= 1$. le côté du Carré inscrit sera $\sqrt{2}$. celui du Carré circonscrit sera égal au diamètre 2. Donc la surface du Carré inscrit égale 2, et celle du Carré circonscrit égale 4.

Maintenant si l'on fait $A = 2$, $B = 4$, on trouvera d'après le problême précédent l'octogone inscrit ou $A' = \sqrt{8} = 2,8284271$ et l'octogone circonscrit ou $B' = \dfrac{16}{2+\sqrt{8}} = 3,3137085$. Connoissant les octogones inscrit et Circonscrit, on trouvera par leur moyen les polygones inscrit et circonscrit de 16 Côtés. Il faudra de nouveau supposer $A = 2,8284271$ et $B = 3,3137085$ et on aura $A' = 3,0614674$, $B' = 3,182579$. En Continuant cette série d'opérations jusqu'aux polygones de 32,768 Côtés on trouvera qu'ils ne diffèrent point entr'eux jusqu'à la septième décimale et qu'ils égalent l'un et l'autre $3,1415926$.

Mais la surface d'un cercle s'obtient en multipliant la demi-circonférence par le rayon. Donc, le rayon étant 1, la demi-circonférence est 3,1415926, ou encore le diamètre étant 1, la circonférence entière est 3,1415926.

Proposition XXII.

Théorème.

III. Deux triangles qui ont un angle égal sont entr'eux comme les rectangles des côtés qui comprennent l'angle égal.

Soient les 2 triangles ADE, ABC qui ont l'angle A égal : joignons BE. Les 2 triangles ADE, ABE qui ont leurs sommets au même point E, nous donnent ADE : ABE :: AD : AB.

Les triangles ABE, ABC ayant leurs sommets au même point B, nous donnent aussi ABE : ABC :: AE : AC.

Multiplions terme à terme ces deux proportions en omettant le facteur commun ABE, et nous aurons ADE : ABC :: AD × AE : AB × AC. Donc &c.

Proposition XXIII.

Théorème.

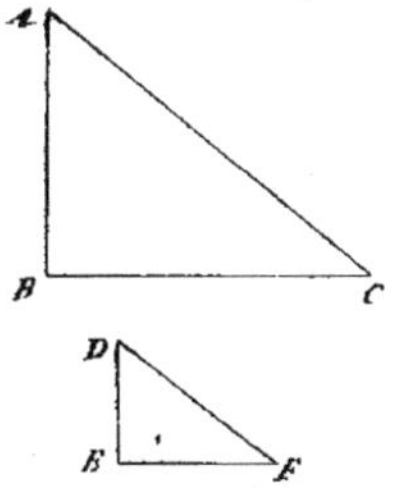

112. Deux triangles semblables sont entr'eux comme les carrés des côtés homologues.

Soient les 2 triangles semblables ABC, DEF; ces 2 triangles ayant l'angle A égal à l'angle D, nous donnent $ABC : DEF :: AB \times AC : DE \times DF$; nous avons d'ailleurs à cause de la similitude de ces triangles $AB : DE :: AC : DF$, multiplions terme à terme cette proportion par la proportion identique $AC : DF :: AC : DF$; il viendra $AB \times AC : DE \times DF :: AC^2 : DF^2$. Donc enfin $ABC : DEF :: AC^2 : DF^2$. Donc.

Proposition XXIV

Théorème.

113. Deux polygones semblables sont divisibles en un même nombre de triangles semblables et semblablement disposés.

Soient les 2 Pentagones ABCDE, a b c d e, des points A et a, tirons les diagonales AC, AD, ac, ad. Les

Triangles ABC, abc ont l'angle B égal à l'angle b, et l'on a d'ailleurs (74) AB : ab :: BC : bc. Donc ces triangles sont semblables et nous aurons encore AB : ab :: AC : ac. Les angles C, c, sont égaux si l'on retranche de chacun une partie égale BCA, bca, les restes ACD, acd, sont égaux. Les côtés des 2 polygones étant proportionnels nous donnent AB : ab :: CD : cd, nous en déduirons cette autre proportion CD : cd :: AC : ac. Donc les triangles ACD, acd ont un angle égal compris entre côtés proportionnels et sont semblables.

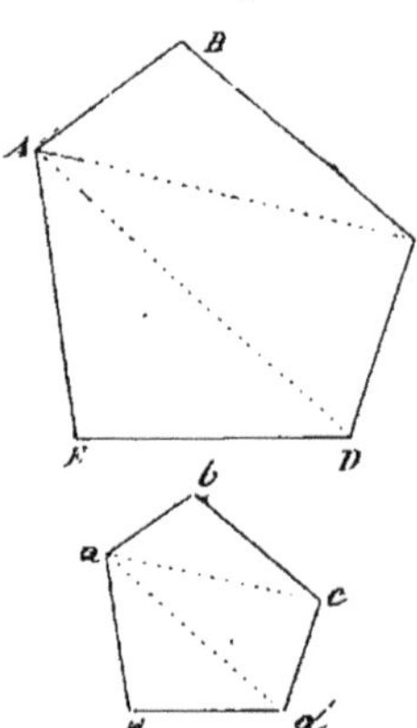

On démontrerait de même que les triangles ADE, ade, sont semblables. Donc &c.

Proposition XXV.

Théorème.

114. Les Périmètres des polygones semblables sont entr'eux comme leurs côtés homologues leurs Surfaces sont entr'elles comme les carrés de ces mêmes côtés.

1°. Les côtés homologues étant proportionnels nous donnent $AB : ab :: BC : bc :: CD : cd :: DE : de :: AE : ae$. Mais dans une suite de rapports égaux la somme des antécédens est à la somme des conséquens comme un antécédent est à son conséquent, nous aurons donc $AB + BC + CD + DE + EA : ab + bc + cd + de + ea :: AB : ab$; c'est à dire les périmètres des polygones semblables sont entr'eux comme 2 côtés homologues quelconques.

2°. Les triangles semblables ABC, abc, nous donnent $ABC : abc :: AB^2 : ab^2 :: AC^2 : ac^2$ (112) Les triangles semblables ACD, acd, nous donnent aussi $ACD : acd :: AC^2 : ac^2 :: AB^2 : ab^2 :: AD^2 : ad^2$. Enfin les triangles ADE, ade, nous donnent $ADE : ade :: AD^2 : ad^2 :: AB^2 : ab^2$.

A cause du rapport commun $AB^2 : ab^2$, il viendra $ABC + ACD + ADE : abc + acd + ade :: AB^2 : ab^2$; c'est à-dire les surfaces de deux polygones semblables sont entr'elles comme le carré de deux côtés homologues.

Corollaires.

1. Les surfaces de ces polygones sont aussi dans le même rapport que les carrés de deux diagonales homologues.

2°. Les surfaces des polygones réguliers semblables sont entr'elles comme les carrés de leurs apothèmes.

3°. Les cercles peuvent être considérés comme

des polygones d'un nombre infini de côtés, nous en conclurons que leurs circonférences sont entr'elles comme les rayons ou les diamètres, et que leurs surfaces sont entr'elles comme les carrés de ces mêmes rayons.

Démonstration de la formule πR^2

On est convenu de représenter par π le rapport approché de la circonférence au diamètre, rapport que nous avons trouvé être 3,1415926, ou plus simplement 3,1416.

Connoissant donc le rayon nous aurons : la circonférence égale $2R \times \pi$. D'ailleurs la surface du cercle s'obtient en multipliant la circonférence par $\dfrac{R}{2}$: ce sera donc $2R \times \pi \times \dfrac{R}{2}$, mais $2R \times \dfrac{R}{2} = R^2$. Donc la surface du cercle égale πR^2.

Livre 3.

Des Corps et Solides.

Nous nous proposons dans cette troisième partie d'évaluer les surfaces et les volumes des corps, mais il convient de donner d'abord sur les plans quelques notions indispensables.

Des Plans.

Définitions.

115. On nomme *plan* une surface plane sur laquelle une ligne droite peut s'appliquer exactement en tous sens. Nous considérerons d'ailleurs le plan en tant que surface et abstraction faite de toute épaisseur.

116. On dit qu'une ligne est perpendiculaire à un plan, lorsqu'elle ne penche d'aucun côté de ce plan. Quand deux plans se rencontrent, l'écartement de ces deux plans ou l'inclinaison de l'un sur l'autre forme un **angle plan**.

Cet angle peut être aigu, droit ou obtus.

Lorsqu'il est droit les deux plans sont perpendiculaires entr'eux.

117. Un angle solide est l'espace angulaire compris entre plusieurs plans qui se réunissent en même point; il faut au moins trois plans pour former un angle solide.

118. Deux plans sont dits parallèles, quand prolongés indéfiniment ils ne peuvent se rencontrer.

119. Une ligne perpendiculaire à un plan, l'est encore à tous les plans parallèles.

120. Un plan perpendiculaire à un second l'est éga-

=lement à tous les plans parallèles.

121. La mesure d'un angle plan est celle d'un angle rectiligne formé par deux droites abaissées chacune dans les deux plans, perpendiculairement à la commune section et au même point.

Proposition 1.

122. Deux lignes droites qui se coupent sont dans un plan et en déterminent la position.

Il est évident, en effet, qu'on peut faire passer une infi=nité de plans par la même droite AB puisque le plan MN peut-être conçu tournant autour de cette ligne, comme autour d'une charnière, mais ce plan s'arrêtera si l'on fixe hors de AB un point C, par lequel ce plan doive passer. Donc

Corollaire. Un triangle et à fortiori un polygone quel=conque est toujours dans un plan. De même deux parallèles déterminent la position d'un plan.

Proposition II.

123. L'Intersection de deux plans ou leur rencontre est une ligne droite.

D'abord cette intersection AB ne peut être étendue

qu'en longueur, puisque les plans n'ont point d'épaisseur; elle est donc une ligne, et comme tous les points de cette ligne sont communs aux deux plans ils ne peuvent être qu'en ligne droite; car sans cela les deux plans se confondraient ce qui est contre la supposition.

Proposition III.

124. Une ligne perpendiculaire à un plan est aussi perpendiculaire à toutes les droites qu'on peut tirer par son pied dans ce plan; car s'il y avait une de ces droites EB, FB, CB &c. à laquelle AB ne fût pas perpendiculaire, elle pencherait d'un côté ou de l'autre de cette droite & par consé=quent d'un côté ou de l'autre du plan MN, ce qui n'a pas lieu.

Corollaire. 125. Il suffit que AB soit perpendicu=laire à deux de ces droites EB, CB, pour qu'elle le soit aussi au plan. En effet la ligne AB perpendiculaire à EB seulement pourrait encore pencher d'un côté ou de l'autre du plan, ce qui ne sera plus si vous ajoutez qu'elle est encore perpendi=culaire à BC.

Proposition IV.

126. Les intersections de deux plans parallèles coupés par un troisième sont parallèles; Car si les lignes AB, CD, situées

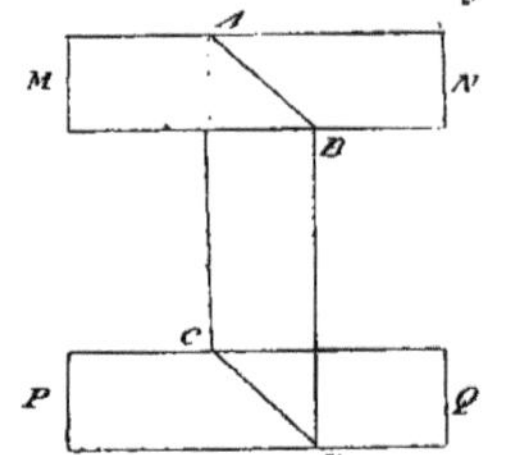

dans un même plan, ne sont point parallèles prolongées suffisamment elles se rencontreraient, et les plans MN, PQ, aux quels elles appartien = nent se rencontreraient aussi.

Proposition V.

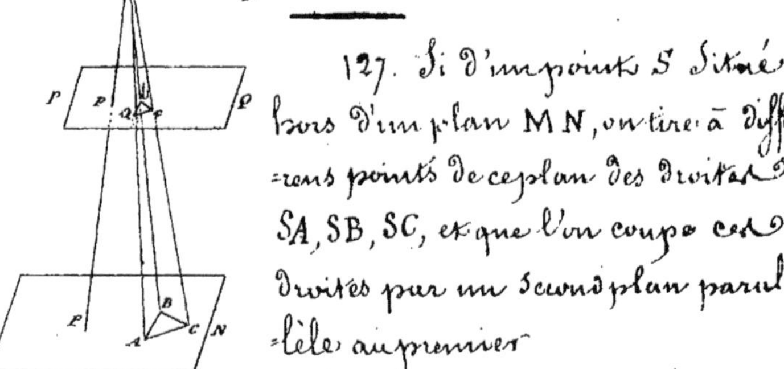

127. Si d'un point S situé hors d'un plan MN, on tire à diffé =rens points de ce plan des droites SA, SB, SC, et que l'on coupe ces droites par un second plan paral =lèle au premier

1°. ces droites seront coupées proportionnellement.

2°. Les figures qu'elles formeront seront semblables.

3°. Ces deux figures seront l'une à l'autre comme les carrés de leur distance au point S.

Dans les triangles SAB, SCB, SAC, on a AB paral =lèle à ab, BC parallèle à bc, et AC parallèle à ac, ce qui nous donne cette suite de rapports égaux SA : Sa :: SB : Sb :: SC : Sc :: AB : ab :: BC : bc :: CA : ca. Donc 1°. Les côtés

SA, SB, SC sont coupés proportionnellement; & 2°. les deux triangles ABC, abc, ayant les côtés proportionnels sont semblables. D'ailleurs les rapports $SA : sa :: BC : bc$ donnent aussi $SA^2 : sa^2 :: BC^2 : bc^2$. On a en outre $ABC : abc :: BC^2 : bc^2$, ou comme $SC^2 : SC^2$ puisque ces deux rapports sont égaux. On peut maintenant concevoir que les hauteurs SP, Sp, forment avec SC, Sc, deux triangles semblables SPC, Spc, qui donneront $SC : Sc :: SP : Sp$; mais $SC^2 : Sc^2 :: SP^2 : Sp^2$ et nous en déduirons : $ABC : abc :: SP^2 : Sp^2$ c'est-à-dire 3°. les deux figures sont entr'elles comme les carrés de leur distance au point S.

Observation. Les plans ont encore plusieurs autres propriétés mais il est facile de les déduire de ce que nous avons dit sur les propriétés des lignes.

Définitions des Corps.

128. On appelle Corps ou Solide tout ce qui réunit les 3 Dimensions : Longueur, largeur & hauteur. Le nombre des Corps est donc infini, nous considérerons seulement quelques uns d'entr'eux; auxquels d'ailleurs les autres peuvent se ramener. Ce sont 1°. le prisme, 2°. le Cylindre, 3°. la Pyramide, 4°. le Cône, 5°. la Sphère.

129. On appelle Prisme un corps dont la surface latérale est composée de parallélogrammes et dont les bases

sont des polygones égaux et parallèles.

Quand ces bases sont des triangles le prisme s'appel-le triangulaire. Si elles sont des quadrilatères le prisme s'appelle quadrangulaire, mais on lui donne encore le nom de parallélipipède, quand ses bases sont des parallélogrammes, et celui de Cube quand il est compris sous six carrés égaux.

Enfin si les bases sont des pentagones le prisme est dit pentagonal, et ainsi des autres.

130. On appelle Cylindres des espèces de prisme, dont les bases sont des cercles égaux et parallèles, et dont la surface latérale est courbe. (on lui donne le nom de surface cylindrique.)

131. Une Pyramide est un corps dont la surface latérale est composée de triangles qui se réunissent tous en un sommet commun nommé pointe de la Pyramide; la base est un polygone qui donne son nom à la pyramide.

Il y a donc des pyramides triangulaires, qua=drangulaires, eptagonales, hexagonales, &c=.

132. Un Cône est une espèce de pyramide dont la base est un cercle.

133. On appelle arêtes, dans les prismes et les pyramides, les lignes où se joignent les faces

latérales.

134. L'Axe, dans tous ces corps est une droite menée du centre de la base supérieure au centre de la base inférieure.

Le prisme est droit quand ses arêtes sont perpendiculaires à sa base, autrement il est oblique.

136. Le Cylindre et le Cône sont droits quand leur axe est perpendiculaire à leur base, autrement ils sont obliques.

137. On appelle hauteur dans tous ces corps une perpendiculaire abaissée d'un point quelconque de la base supérieure sur la base inférieure ou sur le plan de cette base.

138. Dans une pyramide, l'Apothême est une ligne droite abaissée perpendiculairement de la pointe de la pyramide sur l'un quelconque des côtés de la base.

109. Une Sphère est un corps terminé par une surface courbe dont tous les points sont également distans d'un point intérieur nommé Centre. L'Axe de la Sphère est une droite qui la traverse en passant par le Centre. Il est facile de voir que de quelque manière que l'on coupe une Sphère par un plan, la section est toujours un Cercle.

140. On appelle grands cercles d'une Sphère, ceux qui passent par le Centre, et petits cercles ceux qui n'y passent pas. Tous les grands cercles d'une Sphère sont égaux puisqu'

ils ont le même diamètre.

Il n'y a d'égaux parmi les petits cercles que ceux qui sont également distans du centre.

141. En coupant une sphère par son centre on obtient deux parties égales nommées hemisphères; mais si on la coupe ailleurs que par son centre la portion enlevée est un segment sphérique dont la surface courbe est une Calotte sphérique.

142. Enfin on appelle Secteur Sphérique une partie de la Sphère enlevée par un rayon qui au centre tournerait autour d'un point et à l'autre extrémité décrirait une Cir-=conférence.

Cette partie enlevée forme un Cône avec cette différence, que sa base étant une Calotte Sphérique présente une surface courbe.

Dans tout Corps il faut considérer deux choses. 1°. la Surface, 2°. le Volume

Surface des Corps.

Proposition 1.

1°. Prisme.

143. La surface latérale d'un prisme egale le produit d'une arrête par le contour d'une section faite perpendiculairement à cette arête. En effet cette surface latérale est composée de parallélogrammes ayant chacun pour base une arête, et pour hauteur la distance de cette arête à l'arête voisine. Or toutes les arêtes étant égales, toutes les bases des parallélogrammes sont égales aussi. Donc pour obtenir les surfaces de tous ces parallélogrammes, il suffira de multiplier leur base commune, ou ce qui est la même chose une arête quelconque par la somme de toutes les hauteurs; et cette somme forme d'ailleurs évidemment le contour d'une section faite perpendiculairement à cette arête.

Proposition II.

2.º Cylindre.

144. La surface latérale d'un cylindre s'obtient en multipliant le côté du cylindre par le contour d'une section faite perpendiculairement à ce côté. En effet le cylindre peut-être considéré comme un prisme d'un nombre infini de faces latérales. Donc &.ª

Observation. 1.º lorsque le prisme et le cylindre

sont droits, le contour de cette section perpendiculaire aux côtés ne diffère point du contour de la base.

2°. Pour avoir la surface totale du prisme et du cylindre, ajoutez à la surface latérale celle des bases

Proposition III.

3°. Pyramide droite.

145. La surface latérale d'une pyramide droite est égale au périmètre de sa base multiplié par la moitié de l'apothème. En effet chaque face latérale de la pyramide est un triangle qui a pour base un des côtés de la base de la pyramide et pour hauteur l'apothème. Or quand la pyramide est droite, les apothèmes sont égaux, donc &c.

Proposition IV.

4°. Cône droit.

146. La surface latérale d'un cône droit est égale au périmètre de sa base multiplié par la moitié du côté. En effet le cône est une espèce de pyramide

dont la surface latérale est composée d'une infinité de petits triangles dont l'apothème se confond avec le côté. Donc &c.

Observations. 1°. Si la pyramide est oblique il faut prendre séparément la surface de chacun des triangles qui composent la surface latérale.

2°. Quand le Cône est oblique, la Géométrie élémentaire ne donne pas les moyens d'en mesurer la surface latérale. On peut toutefois obtenir une valeur fort approximative en multipliant le périmètre par un huitième de la somme de quatre côtés diamétralement opposés.

3°. Pour avoir la surface totale de la pyramide et du Cône, il faut joindre à la surface latérale celle de la base.

Proposition V.

5° Cône tronqué ou Pyramide tronquée.

147. La surface convexe d'un tronc de Cône droit ou de pyramide à bases parallèles, s'obtient en multipliant son côté par la moitié de la somme des périmètres des 2 bases, ou encore par le contour d'une section faite à égale distance des bases.

1°. Dans la pyramide tronquée la surface latérale est composée d'un certain nombre de trapèzes ayant même

hauteur, et dont la somme des bases opposées égale le périmètre des bases de la pyramide, donc leur surface égale cette commune hauteur, multipliée par la moitié des périmètres des bases, ou encore par le contour d'une section faite à égale distance de ces bases.

2°. La même démonstration peut avoir lieu pour le tronc du Cône, en considérant sa surface latérale comme composée d'une infinité de petits trapèzes.

Proposition VI.

6°. Sphère.

148. La surface d'une sphère égale le produit de la circonférence d'un de ses grands cercles multipliée par son diamètre. Nous pourrons supposer la sphère partagée en une infinité de tranches par des plans parallèles menés perpendiculairement à son axe. Chaque tranche aura une ligne courbe pour côté, mais en raison du peu d'épais: de la tranche, cette ligne courbe sera considérée comme droite, et la tranche elle-même pourra être prise pour un tronc de Cône à bases parallèles; Or la surface de tous ces troncs de Cônes formera la surface de la sphère, nous n'avons plus qu'à nous occuper de trouver la surface latérale

D'une de ces tranches.

Soit NPMQ un de ces cônes tronqués la surface en sera exprimée par PN × Circ. cd. Nous allons démontrer qu'on peut aussi l'exprimer par Circ. BC × OH, c'est-à-dire la circonférence d'un grand cercle de la sphère

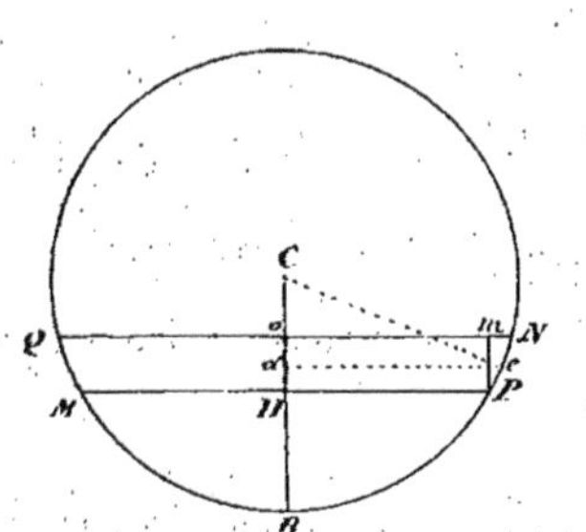

multipliée par l'épaisseur de ce tronc de Cône.

Pour le prouver tirons le rayon cc perpendiculaire au milieu de PN ou de sa Corde (qui par l'hypothèse se confondent) Pm perpendiculaire à QN, et cd à égale distance de MP et de NQ, ce qui donne les deux triangles ccd et NPm, semblables parce qu'ils ont leurs Cotés perpendiculaires chacun à chacun, Or ces triangles semblables donnent cette proportion PN : Pm :: cc : cd; et puisque les rayons sont entr'eux comme leurs circonférences, on en conclura PN : Pm :: cir. cc : cir. cd; Donc PN × cir. cd = Pm × cir. cc ou = HO × cir. BC (car Pm = HO et cc = BC, c'est-à-dire égale l'épaisseur de la tranche multipliée par la cir. d'un grand cercle.

D'après cela la surface convexe de toutes les tranches égale le cir. d'un grand cercle multipliée par la somme de toutes les hauteurs somme qui ne diffère pas du diamètre ou de l'axe de la sphère. Donc &c.

149. Corolaire 1. La surface de la sphère est

est quadruple de celle d'un de ses grands cercles.

En effet la surface d'un grand cercle égale la circonférence multipliée par $\frac{1}{4}$ du diamètre, et celle de la sphère égale la circonférence multipliée par le diamètre entier.

150. II. La surface de la sphère est égale à la surface convexe d'un cylindre circonscrit.

En effet le cylindre a pour mesure la circonférence de sa base (qui est alors un grand cercle de la sphère) multipliée par sa hauteur (qui est égale à l'axe de la sphère).

151. III. La surface de la sphère est à la surface totale du cylindre circonscrit comme 2 est à 3.

En effet la surface de la sphère égale celle des quatre grands cercles, et la surface du cylindre en y joignant les bases égale en surface 6 grands cercles. Donc Surf. Sph. : Surf. Cyl. :: 4 : 6 :: 2 : 3.

Proposition VII.

152. La surface convexe d'un segment sphérique (calotte sphérique) ou encore celle d'une zone quelconque est égale à la circonférence d'un grand cercle multipliée par la hauteur du segment ou de la zone.

Car on peut considérer ces parties ainsi qu'on l'a fait pour la sphère entière, comme composées d'une infinité

de troncs de Cônes, dont chacun a pour mesure le produit de sa
hauteur par la circonférence d'un grand cercle. Donc x.

Volume des Corps.

Proposition 1.

153 . Le Volume d'un parallélipipède
droit égale le produit de sa base multi=
plié par la hauteur. En effet, si ayant
porté l'unité de longueur autant de fois que
possible sur 3 arêtes adjacentes, telles
que AB, AC, AG, on fait passer par chaque

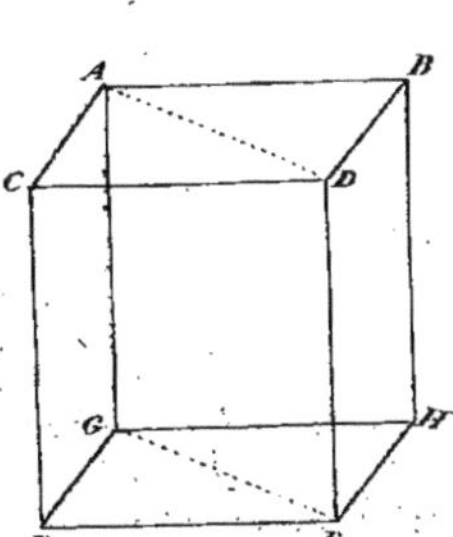

point de division des plans perpendiculaires entr'eux, le prisme
se trouvera divisé ainsi en autant de Cubes égaux qu'il y
a d'unités dans le produit numérique des arêtes AB, AC,
AG. Donc x. Soit le parallélipipède ABOC EFHG ayant
pour base 14^{m} 64^{d} Carrés, et pour hauteur 5^{m} 9. Son
volume sera de 92^{m} 276 décimètres cubes.

La toise cube contient donc 216 pieds Cubes : Le
pied cube égale 1728 pouces cubes, Le mètre cube égale
1,000,000 de Centimètres cubes ; or, un Centimètre cube d'eau
pèse un gramme, un mètre cube d'eau pèse donc 1,000,000.
grammes, ou 1,000 Kilog. C'est le poids du tonneau en mer.

154. *Corollaires*. 1. Si par les points A D F G on fait passer un plan, on obtient deux prismes triangulaires égaux entr'eux et qui auront chacun pour mesure le produit de la base par la hauteur.

155. II. Un prisme droit quelconque a pour mesure sa base multipliée par la hauteur; en effet il est divisible en un certain nombre de prismes triangulaires dont la somme des bases égale la base du prisme proposé.

Proposition II.

156. Un prisme droit et un prisme oblique de même base et de même hauteur sont équivalens en volume.

On peut concevoir en effet que le prisme ABCDEFHG soit coupé dans sa hauteur par une infinité de tranches parallèles d'une épaisseur presque nulle et qui étant successivement appuyées sur la droite formeraient dans leur ensemble le prisme oblique a b c d E F H G. Donc &c.

Corollaire. Un prisme oblique a pour mesure le produit de sa base multipliée par sa hauteur.

Proposition III.

157. Le volume d'un cylindre égale le produit du cercle qui lui sert de base multiplié par sa hauteur. En effet un cylindre peut-être considéré comme un prisme d'un nombre infini de faces latérales et sa mesure s'obtient d'après les mêmes principes.

Proposition IV.

158. Un cube est divisible en six pyramides droites quadrangulaires ayant même base que le cube et moitié de sa hauteur. En effet si l'on joint le centre du cube avec chacun des angles, on distinguera six pyramides égales ayant chacune pour base un des carrés du cube et dont la hauteur sera moitié de celle du cube; or le cube a pour mesure sa base multipliée par sa hauteur; donc chacune des pyramides aura pour mesure cette même base multipliée par $1/6$ de la hauteur du cube, ou encore par $1/3$ de la hauteur de la pyramide elle-même.

159. *Observations*. Par un raisonnement analogue à celui que nous avons fait pour le prisme oblique, on ferait voir qu'une pyramide droite et une pyramide oblique de même base et de même hauteur sont deux figures équivalentes en volume.

Que d'ailleurs une pyramide quadrangulaire donne deux pyramides triangulaires ayant aussi chacune pour mesure sa base particulière par le tiers de la hauteur commune.

Que par suite une pyramide ayant tant de faces qu'on voudra, pouvant se décomposer en pyramides triangulaires, aura aussi pour mesure le produit de sa base par un tiers de la hauteur.

Proposition V.

160. Le volume d'un Cône, droit ou oblique, est égal au produit de sa base multipliée par $1/3$ de la hauteur. En effet un Cône peut se considerer comme une pyramide d'un nombre infini de faces; sa mesure se rapporte donc à celle de la pyramide.

161. *Scholie.* Deux prismes de même base sont entr'eux comme les hauteurs; Deux prismes de même hauteur sont entr'eux comme les bases, Enfin deux prismes sont entr'eux comme les produits des bases par les hauteurs.

La même observation s'appliquera aux cylindres, aux Pyramides et aux Cônes.

Proposition VI.

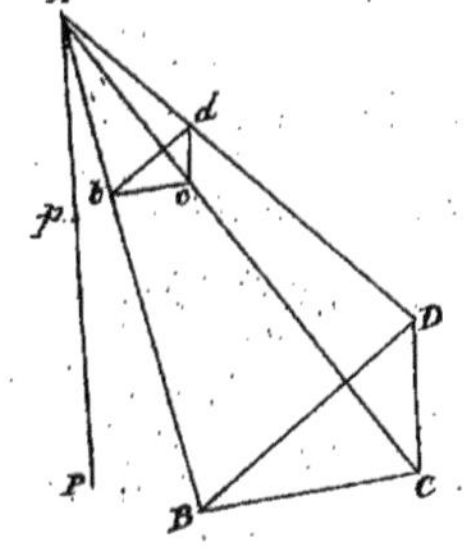

162. Une pyramide tronquée étant donnée trouver la hauteur de la pyramide totale. Soit la pyramide AB CD que nous supposons tronquée par le plan b c d parallèle à la base. Soit encore AP la hauteur totale, Ap la hauteur supprimée, et par conséquent p P la hauteur du tronc, nous aurons d'abord BC : bc :: AC : Ac ; et encore AP : Ap :: AC : Ac, d'où BC : bc :: AP : Ap. Donc BC − bc : AP − Ap :: BC : AP. C'est-à-dire en remplaçant AP − Ap par sa valeur BC − bc : Pp :: BC : AP. D'où $AP = \dfrac{Pp \times BC}{BC - bc}$ C'est-à-dire que la hauteur de la pyramide entière s'obtient en multipliant la hauteur du tronc par un côté quelconque de la base et en divisant ce produit par la différence entre ce même côté et son homologue de la base supérieure. Et l'on peut connoître celle de la pyramide retranchée qui est AP−Pp ce qui suffit pour évaluer le volume du tronc qui sera $\dfrac{BCD \times AP - bcd \times Ap}{3}$. S'il s'agissait d'un tronc de cône on ferait une proportion avec les hauteurs et les diamètres ou les rayons des bases et l'on obtiendrait le même résultat.

Proposition VII.

163. Le Volume d'une sphère est égal à la surface

de cette Sphère multipliée par $\frac{1}{3}$ du rayon ; ou encore à la Surface du grand cercle multipliée par $\frac{2}{3}$ du Diamètre. En effet on peut considérer la Sphère comme un Polyhèdre régulier composé d'une infinité de petites pyramides qui ont leurs bases à la Surface de la Sphère et leur sommet à son Centre. Or toutes ces pyramides auront pour mesure leur base multipliée par $\frac{1}{3}$ du rayon, et comme leur somme compose la Sphère de même que leurs bases forment la surface, nous en déduirons que le volume de la Sphère égale la Surface multipliée par $\frac{1}{3}$ du rayon.

164. *Corollaire*. Le Volume de la sphère est à celui du Cylindre circonscrit comme 2 est à 3. En effet le Volume du Cylindre égale un grand cercle multiplié par le Diamètre, et celui de la sphère égale le même cercle multiplié seulement par $\frac{2}{3}$ du Diamètre. Donc en représentant le Diamètre par l'unité on aura Vol. Sph. : Vol. Cyl. ::

$$\frac{2}{3} : \frac{3}{3} :: 2 : 3.$$

Proposition VIII.

165. En général les volumes de deux corps semblables sont entr'eux comme les cubes de leurs lignes homologues. En effet, considérons les deux pyramides semblables SABC, Sabc, on a BCA : bca :: SP^2 : sp^2 mais on a aussi $\frac{SP}{3}$: $\frac{sp}{3}$

:: SP : sp. D'où BCA × $\frac{SP}{3}$: bca × $\frac{sp}{3}$ :: $\overline{SP}^3$: $\overline{sp}^3$. C'est-à-dire que le volume de l'une est au volume de l'autre comme le cube de la hauteur de la première est au cube de la hauteur de la seconde. On démontrerait de même que ces corps sont entr'eux comme les cubes de 2 autres lignes homologues.

Il en serait de même pour 2 prismes qui peuvent se décomposer en pyramides; pour 2 Cylindres que nous rapportons aux prismes; pour les Cônes et pour les Sphères que nous rapportons à la pyramide.

Démonstration de la formule πD^2.

166. Nous avons trouvé que la surface de la Sphère égalait celle de quatre grands cercles, Or la surface du Cercle est représentée par la formule πR^2. Nous aurons donc $4\pi R^2$ pour formule de la surface d'une Sphère, mais comme le diamètre D égale 2 R, nous pouvons à la place de $4 R^2$ mettre D^2 D'où la surface de la Sphère sera exprimée par πD^2.

Démonstration
de la formule $\frac{1}{6}\pi D^3$.

167. Le volume de la Sphère, avons nous dit, égale le produit de sa surface πD^2 multiplié

par un tiers du rayon $\frac{R}{3}$ ou un sixième du diamètre $\frac{D}{6}$, mais $\pi D^2 \times \frac{D}{6} = \frac{1}{6}\pi D^3$

Fin.